... ENTOMOLOGIQUE FRANÇAISE

LÉPIDOPTÈRES

DESCRIPTION DE TOUS LES PAPILLONS
QUI SE TROUVENT EN FRANCE
INDIQUANT
L'ÉPOQUE DE L'ÉCLOSION DE CHAQUE ESPÈCE
LES LOCALITÉS QU'ELLE FRÉQUENTE, LA PLANTE QUI NOURRIT
LA CHENILLE, LE MOMENT OU IL CONVIENT DE LA CHASSER

PAR M. E. BERCE
Ex-Président de la Société Entomologique de France.
Dessins par M. THÉOPHILE DEYROLLE

Quatrième volume :

HÉTÉROCÈRES

NOCTUÆ

DEUXIÈME ET DERNIÈRE PARTIE

PARIS-7e
LES FILS D'ÉMILE DEYROLLE, ÉDITEURS
46, rue du Bac, 46

FAUNE ENTOMOLOGIQUE FRANÇAISE

LÉPIDOPTÈRES

Les Fils d'Émile Deyrolle, Paris.

FAUNE ENTOMOLOGIQUE FRANÇAISE

LÉPIDOPTÈRES

DESCRIPTION DE TOUS LES PAPILLONS

QUI SE TROUVENT EN FRANCE

INDIQUANT

L'ÉPOQUE DE L'ÉCLOSION DE CHAQUE ESPÈCE
LES LOCALITÉS QU'ELLE FRÉQUENTE, LA PLANTE QUI NOURRIT
LA CHENILLE, LE MOMENT OU IL CONVIENT DE LA CHASSER

PAR M. E. BERCE

Ex-Président de la Société Entomologique de France.

Dessins par M. THÉOPHILE DEYROLLE

Quatrième volume :

HÉTÉROCÈRES

NOCTUÆ

DEUXIÈME ET DERNIÈRE PARTIE

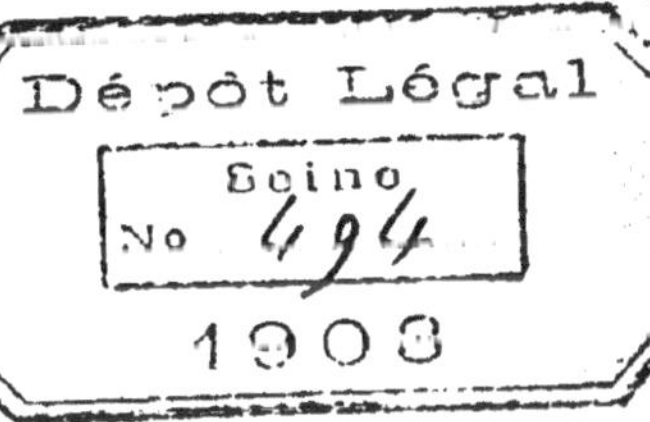

PARIS-7e
LES FILS D'ÉMILE DEYROLLE, ÉDITEURS
46, rue du Bac, 46

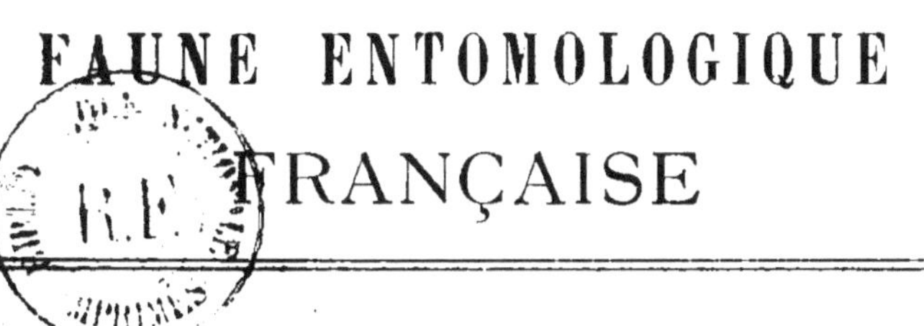

FAUNE ENTOMOLOGIQUE FRANÇAISE

COSMIDÆ, Gn.

Chenilles à seize pattes égales, allongées, de couleurs vives, plus ou moins aplaties en dessous, à tête globuleuse, à écusson du cou luisant. Elles vivent renfermées entre les feuilles des arbres. Les papillons sont assez élégants, ordinairement au-dessous de la taille moyenne, à ailes lisses et soyeuses et à dessins bien arrêtés ; ils volent avec vivacité au coucher du soleil. Les femelles sont semblables aux mâles, mais sont pourvues d'un oviducte térébriforme.

Genre TETHEA, Och.
(*Plastenis*, Bdv.)

Antennes simples, squammeuses, un peu moniliformes, à peine garnies de cils courts et isolés. Palpes ascendants, comprimés, à deuxième article assez velu, le troisième court, tronqué. Spiritrompe courte. Thorax peu convexe, velu, à collier un peu relevé et suivi d'une carène aiguë. Abdomen déprimé, un peu velu latéralement ; celui de la femelle en cône aplati, à oviducte non saillant. Ailes supérieures luisantes, à angle apical aigu et falqué, à taches et lignes très nettes. Chenilles lisses, rases, luisantes, un peu aplaties en dessous, atténuées postérieurement ; vivant entre deux feuilles liées avec de la soie.

SUBTUSA, S,V., Dup. (pl. 39, fig. 5.)

30m. Ailes supérieures à bord terminal légèrement falqué, d'un gris olivâtre clair, luisant, avec l'ombre médiane et l'espace terminal plus foncés et plus ternes ; lignes médianes très distinctes, non ondulées, d'un jaune clair, plus rapprochées au bord interne qu'à la côte, la subterminale très ondulée, moins bien écrite que les deux autres. Taches ordinaires très distinctes, mates, bordées de jaune clair ; l'orbiculaire oblongue, la réniforme en 8 ouvert, la claviforme assez large, ordinairement peu visible. Ailes inférieures d'un gris uni, à frange d'un blanc jaunâtre. — ♀ semblable.

Chenille en mai et juin sur les peupliers et les saules. Papillon en juin et juillet sur les jeunes pousses de peupliers, principalement au bord des eaux, souvent caché pendant le jour sous les broussailles et les fagots. Presque toute la France, pas rare.

RETUSA, L., Dup.

30m. Voisine de la précédente, mais très distincte. *Ailes supérieures fortement falquées au bord terminal*, d'un gris brunâtre, à lignes médianes presque droites, *parallèles entre elles*, jaunâtres et bordées de brun d'un seul côté ; subterminale très ondulée. Taches ordinaires comme chez *Subtusa*. Frange de la couleur du fond, précédée d'un liseré jaunâtre. Ailes inférieures grises, à frange plus claire. — ♀ semblable.

Chenille en mai et juin comme celle de *Subtusa*. Papillon en juillet. Assez rare partout.

Genre EUPERIA, Gn.
(*Cosmia*, Tr., Bdv., Dup.)

Antennes denticulées et crénelées de cils courts, verticillés dans les mâles, filiformes et garnies de cils fins isolés dans les femelles. Palpes peu ascendants, à deuxième article un peu renflé. Spiritrompe moyenne. Thorax presque carré, velu, lisse. Abdomen déprimé et terminé par des poils coupés carrément dans les mâles, long, conique et à oviducte long et très saillant dans les femelles. Ailes supérieures veloutées, à dessins peu marqués. Chenilles rases, allongées, presque cylindriques, à lignes et points distincts, vivant à découvert sur les arbres. Chrysalides renfermées dans des coques ovoïdes à la surface de la terre.

Paleacea, Esp., *Fulvago*, S.V., Dup., Gn. (pl. 39, fig. 8.)

38m. Ailes supérieures assez aiguës à l'angle apical, d'un jaune-clair légèrement saupoudré de rougeâtre, avec les deux lignes médianes bien écrites, fines, anguleuses, d'un brun rougeâtre ainsi que l'ombre médiane. Taches concolores, finement bordées de brun ; l'orbiculaire grande, ronde ; la réniforme avec un point brun à sa partie inférieure. Frange concolore, précédée d'une série de points bruns. Ailes inférieures d'un jaune pâle uni avec un liseré plus foncé à peine marqué. — ♀ semblable, mais un peu plus grande.

Chenille en juin sur le bouleau et sur le chêne. Papillon en juillet ; nord et centre de la France, environs de Paris, Haut-Rhin, *Michel ;* pas très commun.

Genre COSMIA, Och.
(*Calymnia*, Hb.)

Antennes simples, à peine pubescentes ou garnies de cils très fins et isolés. Palpes ascendants, à deuxième article étroit, le troisième subaigu. Spiritrompe courte. Thorax globuleux. Abdomen mince, conique, oviducte non saillant chez les femelles. Ailes supérieures denticulées, à lignes distinctes, les deux dernières rapprochées, l'avant-dernière très coudée vis-à-vis de la cellule. Chenilles rases, aplaties en dessous, atténuées antérieurement, à tête petite, globuleuse ; vivant au milieu d'un paquet de feuilles réunies avec de la soie. Chrysalides efflorescentes, renfermées entre les feuilles ou dans une coque placée sur la terre.

TRAPEZINA, L., Dup.

32ᵐ. Très-variable pour la couleur, qui est ordinairement d'un gris chamois, souvent fauve et quelquefois, mais plus rarement, d'un brun carmélite, avec tout l'espace médian d'un ton toujours plus foncé. Cet espace est limité par les deux lignes médianes ; l'extrabasilaire droite, oblique ; la coudée très anguleuse à son tiers supérieur, de manière à former un trapèze. Les taches ordinaires sont plus ou moins bien marquées en clair, et la réniforme a un point noirâtre à sa partie inférieure. Frange concolore, précédée d'une série de points noirs. Ailes inférieures de la couleur des supérieures, mais lavées de noirâtre, avec la frange d'un jaune clair. Antennes filiformes dans les deux sexes. — ♀ semblable.

Chenille en mai et juin sur presque tous les arbres forestiers, mais surtout sur le chêne ; elle est très carnassière, dévore les autres espèces plus faibles qu'elle, et en captivité n'épargne pas ses semblables. Le papillon est commun partout en juillet.

Pyralina, S.V., Dup.

33^{m}. Ailes supérieures d'un beau brun de porphyre, vif, plus foncé vers la ligne coudée ; cette ligne très anguleuse supérieurement, suivie à la côte d'une tache vaguement triangulaire, formée d'atômes blancs, brune dans son milieu, suivie à l'angle apical de deux points noirs, dont l'inférieur plus gros. Ligne extrabasilaire brune, ondulée ; coudée blanche, bordée de brun des deux côtés ; subterminale blanchâtre, vague, ombrée de brun inférieurement. Ombre médiane brune. Taches souvent complètement perdues dans la couleur du fond. Ailes inférieures d'un gris jaunâtre avec la frange d'un jaune clair. Antennes filiformes dans les deux sexes, qui ne se distinguent que par la forme de l'abdomen.

La chenille vit en mai sur l'orme, et probablement aussi sur d'autres arbres, car M. Guillemot l'a trouvée sur l'aubépine. Papillon en juin et juillet. Peu répandu et assez rare partout. Paris, Indre, *Maurice Sand* :

2

Puy-de-Dôme, *Guillemot ;* Haut-Rhin. *Michel, Hochstetter.*

DIFFINIS, L., Dup. (pl. 39, fig. 2.)

32m. Ailes supérieures d'un brun rouge, plus clair et rosé aux espaces terminal et subterminal, ainsi qu'au bord interne vers la base, avec quatre taches d'un beau blanc mat à la côte, dont les deux du milieu plus grandes que les autres. Ces taches sont situées à l'origine des lignes qui sont roses. Les deux médianes formant une espèce de trapèze, comme chez les autres espèces de ce genre. L'angle apical est décoré de deux points noirs, dont l'inférieur un peu plus gros. Ailes inférieures d'un brun foncé, plus clair au bord supérieur, avec la frange fauve. — ♀ semblable.

Chenille en mai sur l'orme, principalement ceux des routes. Papillon en juillet, se prend souvent sur les troncs des ormes, sur les barrières, les clôtures, etc., pas rare dans presque toutes les localités où l'on trouve l'arbre qui nourrit sa chenille.

AFFINIS, L., Dup., Gn.

28m. Semblable à la *Diffinis* pour le dessin, mais d'une taille toujours plus petite ; en diffère principalement : 1o par la couleur de ses ailes supérieures qui est d'un brun marron plus ou moins clair ; 2o par les quatre taches blanches de la côte, qui sont plus petites, plus vaguement circonscrites, et souvent complètement nulles ; 3o par les lignes qui sont blanches, au lieu d'être roses ou rouge clair. Les taches ordinaires sont, en outre, plus visibles en clair ; l'orbiculaire avec un et la réniforme avec deux points noirâtres. L'angle apical est aussi orné de deux points noirs. Ailes inférieures d'un noir prononcé, plus claires à la base, avec la frange jaune. — ♀ semblable.

La chenille vit aussi sur l'orme comme celle de *Diffinis*; elle est ordinairement plus commune ainsi que le papillon ; celui-ci éclôt en juillet et se trouve à peu près partout où croît l'orme.

Genre DICYCLA, Gn.
(*Cleoceris*, Bdv. — *Tethea*, Dup.)

Antennes munies de lames épaisses et pubescentes dans les mâles. Palpes ascendants, leur second article squammeux, épais, le troisième court, en pointe échancrée. Spiritrompe courte. Thorax arrondi, lisse. Abdomen déprimé, velu latéralement, carré chez les mâles, en cône aigu et à oviducte saillant chez les femelles. Ailes supérieures entières, avec les lignes et les taches bien distinctes. Chenilles allongées, rases, à tête grosse, de couleurs sombres, avec les dessins très tranchés, vivant renfermées dans des paquets de feuilles liées avec de la soie. Chrysalides non efflorescentes, renfermées dans des coques ovoïdes placées à la surface du sol.

Oo, L., Dup., Gn. (pl. 39, fig. 9.)

33 à 35ᵐ. Ailes supérieures d'un blanc jaunâtre, avec la base plus ou moins remplie de roux ferrugineux. Les nervures, les quatre lignes, les trois taches et l'ombre médiane sont aussi de cette même couleur, et sont bien tranchées sur le fond. Ce sont les taches orbiculaire et

claviforme qui ayant la forme ovalaire, ont fait donner le nom de Oo à cette espèce. Frange concolore, entrecoupée de ferrugineux et séparée du bord terminal par un liseré de cette même couleur. Ailes inférieures d'un blanc jaunâtre avec la frange unie. — ♀ semblable.

Cette jolie espèce varie un peu pour la couleur, qui est quelquefois d'un jaune très clair ; quelquefois le roux ferrugineux envahit entièrement l'espace basilaire et l'espace subterminal ; nous possédons un individu complétement ferrugineux : les trois taches et l'espace terminal se détachant vivement en blanc jaunâtre.

La chenille vit en mai sur le chêne et se métamorphose dans la terre. Le papillon éclôt en juin et juillet ; il est toujours assez rare, quoique M Guenée le dise commun dans le centre et le nord de la France. Lozère, *Fallou ;* Indre, *Maurice Sand ;* Charente, *Delamain ;* Rennes, *Oberthur.*

HADENIDÆ, Gn.

Antennes de longueur ordinaire, rarement ciliées ou pectinées dans les mâles. Palpes presque toujours ascendants, ou du moins jamais incombants, bien développés. Spiritrompe de longueur variable. Thorax presque toujours crêté. Ailes supérieures épaisses, marquées des lignes et taches ordinaires ; la ligne subterminale jamais complètement droite, et souvent brisée en ≂ dans son milieu, en toit très incliné, dans le repos. Chenilles à seize pattes égales, allongées, rases, non luisantes, ordinairement entièrement lisses, avec le onzième anneau souvent relevé ; vivant à découvert sur les arbres et les plantes basses. Chrysalides luisantes non efflorescentes, renfermées dans des coques de terre, ovoïdes, faciles à briser et enterrées plus ou moins profondément.

Les hadénides volent au crépuscule et s'accrochent pendant le jour au tronc des arbres et aux murs de cloture.

Genre ILARUS, Bdv.
(*Hadena*, Tr.)

Antennes visiblement crénelées dans le mâle, moniliformes avec deux cils par article dans la femelle. Palpes ascendants, courts, velus, à dernier article court et obtus. Spiritrompe longue. Thorax convexe, velu, carré. Abdomen crêté dans les deux sexes, terminé carrément dans les mâles, obconique et long dans les femelles, où il est terminé par un pinceau de poils. Ailes supérieures épaisses, squammeuses, subdentées, à dessins confus ; les inférieures avec la nervure indépendante assez forte jusqu'à la disco-cellulaire et parallèle au pli cellulaire. Chenilles cylindriques, allongées, à tête grosse, avec les points ordinaires plus foncés et surmontés de poils visibles. Chenilles vivant à découvert sur le sommet des céréales dont elles mangent les graines. Chrysalides renfermées dans de légères coques de terre.

Ochroleuca, S.V., Dup., Gn. (pl. 39, fig. 3.)

31^{m}. Ailes supérieures subdentées, d'un blanc ocracé, avec l'espace basilaire et une large bande subterminale d'un brun clair, sur laquelle on voit un trait noir ou roux sous la première inférieure. Espace médian avec deux grandes taches brunes, contournées, l'une costale renfermant l'orbiculaire, l'autre au bord interne. Tache réniforme à peine indiquée dans un espace clair. Frange entrecoupée sur deux rangs. Ailes inférieures d'un gris noirâtre, avec une bande médiane très vague. Frange claire. — ♀ semblable, mais plus grande.

Chenille en mai et juin, sur diverses graminées, dans les prairies, les champs de blé, autour des granges. Papillon en juillet et août, vole assez rapidement en plein soleil, et se pose quelquefois sur les chardons. Paris, *Fallou, Goosens ;* Haut-Rhin, *Bœckel ;* Pyrénées-Orientales, *de Graslin ;* Indre, *Maurice Sand ;* Gironde, *Trimoulet;* Auvergne, *Guillemot;* Saône-et-Loire, *Constant;* Rennes, *Oberthur*. N'est commun nulle part.

Genre DIANTHŒCIA, Bdv.

Antennes simples, pubescentes, avec un cil plus long à chaque anneau. Palpes courts, ascendants, le deuxième article velu, le troisième très court et en bouton. Thorax convexe, carré, velu. Abdomen caréné, crêté à sa base, avec un oviducte plus ou moins saillant et térébriforme dans les femelles. Ailes supérieures festonnées, à frange entrecoupée, généralement ornées de couleurs vives et variées, à taches et lignes distinctes, les inférieures marquées près de l'angle anal d'une petite tache claire. Chenilles cylindriques, rases, atténuées aux deux extrémités, avec la tête globuleuse, ordinairement de couleur terne et marquées de traits obliques ou de chevrons sur la région dorsale ; elles vivent sur les caryophyllées, dont elles mangent les graines, et se tiennent, du moins dans leur jeune âge, roulées dans les capsules ou les boutons de ces végétaux. Chrysalides terminées en cône aigu, munies d'un prolongement saillant sous le ventre, et enterrées assez profondément dans des coques de terre peu solides.

Les *Dianthœcia* sont de jolis papillons, ornés de couleurs vives, et de dessins bien tranchés. Ils volent avec rapidité au crépuscule, dans le voisinage des *Lychnis*, *Dianthus*, *saponaria*, *silene*, etc., qui nourrissent leurs chenilles ; celles-ci sont généralement assez faciles à trouver, parce que, ainsi que nous l'avons déjà dit, elles se tiennent renfermées dans les capsules dont elles dévorent les graines.

IRREGULARIS, Hufn., *Echii*, Bkh., Dup., Gn.

32m. Ailes supérieures de couleur isabelle ou chamois clair, varié de brun roux, avec la frange entrecoupée de blanc. Lignes médianes bien marquées en brun noirâtre et accompagnées, extérieurement, chacune d'une autre ligne rousse ; l'extrabasilaire formant trois coudes arrondis ; la coudée festonnée, se rapprochant parallèlement de la précédente à sa partie inférieure ; la subterminale très ondulée, écrite en clair et formant, dans son milieu, une ≚ contre laquelle s'appuient deux ou trois petites taches noires cunéiformes. Taches ordinaires grandes, l'orbiculaire blanchâtre, ronde, la réniforme salie de roux dans son milieu ; la claviforme très petite, souvent réduite à un point blanchâtre. Tête, thorax et abdomen de couleur isabelle, ainsi que les antennes. Ailes inférieures roussâtres, bordées par une large bande brune, surmontée d'une ligne ondulée de la même couleur. — ♀ semblable.

Sa chenille vit dans les fleurs des *gypsophila paniculata* et *saxifraga ;* le papillon éclôt en août de l'année suivante ; il n'est pas commun. Ouest de la France, *Guénée ;* Gironde, *Trimoulet ;* nous l'avons pris deux fois à Fontainebleau.

Carpophaga, Bkh., Dup., Gn.

30^{m}. Ailes supérieures d'un gris brun ou roussâtre, avec les lignes médianes géminées, brunes, éclairées dans leur intervalle ; l'extrabasilaire formant trois courbes comme dans l'espèce précédente ; la coudée arrondie par en haut et se rapprochant de l'extrabasilaire vers le bord interne ; la subterminale jaunâtre, dentée, légèrement en M dans son milieu, et contre laquelle s'appuient trois petites taches sagittées, noires. Taches orbiculaires et réniformes bien marquées en blanc jaunâtre, salies de roux dans leur milieu ; tache claviforme grande, brune, bordée de noir. On remarque, en outre, dans l'espace médian une petite ligne noire, sinuée, bien marquée au bord interne. Frange double, entrecoupée de jaunâtre et de roussâtre, précédée d'une ligne formée par de petites lunules noires.

Ailes inférieures grises, avec le bord marginal lavé de brun et un petit point blanchâtre vers l'angle anal. — ♀ semblable.

La chenille vit pendant l'été dans les fleurs des *silene inflata*, *uniflora*, *cucubalus behen*, *saponaria officinalis*, etc. Papillon en juin et juillet, en battant les arbres et au crépuscule. Indre, *Maurice Sand;* Alsace, *de Peyerimhoff;* Gironde, *Trimoulet;* Doubs, *Bruand;* Pyrénées-Orientales, *de Graslin.* Plus ou moins commun selon les localités.

Capsophila, Dup., Gn.

31^{m}. Ailes supérieures d'un gris noirâtre, souvent légèrement teinté de brun jaunâtre, avec les lignes ordinaires blanches, bordées de taches noires des deux côtés ; subterminale très brisée et précédée de petits traits sagittés noirs, comme chez les autres espèces de ce genre. Taches médianes blanches, salies de gris intérieurement ; claviforme noirâtre, souvent peu distincte ; au-dessus d'elle une petite tache plus claire, vague, tendant à former une double dent. Frange double, nettement entrecoupée de traits blancs. Ailes inférieures d'un gris noirâtre, avec une bordure plus obscure, marquée d'un point clair à peu de distance de l'angle anal. Frange claire divisée par une ligne foncée. — ♀ semblable.

Cette espèce ne diffère de *Carpophaga*, que par sa couleur noirâtre, et ses lignes plus blanches.

Chenille inconnue. Papillon en juin et juillet, environs de Dignes *(Basses-Alpes)*, Doubs. Toujours assez rare.

Capsincola, S.V., Dup.

35^{m}. Cette espèce est exactement semblable à la précédente pour le dessin ; elle n'en diffère que par sa taille beaucoup plus grande, et sa couleur d'un gris noirâtre souvent plus foncé. Sa femelle se distingue surtout par son oviducte ou tarière, beaucoup plus long que chez les autres espèces de *Dianthœcia*..

La chenille vit dans les capsules du *Lychnis dioica*, et aussi dans celle des *silene*, puis sur la saponaire. Elle dévore la graine, et se tient dans l'intérieur du fruit, repliée comme un serpent. Lorsqu'elle a vidé une capsule, si elle n'est pas parvenue à toute sa taille, elle en attaque une seconde, une troisième, etc. On la trouve souvent engagée à moitié dans une capsule quand elle est trop grosse pour pouvoir y tenir toute entière. On reconnaît facilement les capsules qui la contiennent, au petit trou dont elles sont percées. Elle se trouve depuis le mois de juin jusqu'à la fin de septembre. Le papillon éclôt quelquefois en septembre, mais ordinairement en juin, juillet et août de l'année suivante ; il est commun dans toute la France.

Cucubali, S.V., Dup.

Taille de *Capsincola*. Ailes supérieures d'un violet clair nuancé de brun. Ligne extrabasilaire géminée, noire ; coudée fine, placée sur un espace clair, bordée intérieurement, d'une série de taches lunulées noires, ce qui la fait paraître triple. Subterminale blanche, très brisée, précédée d'une série plus ou moins bien indiquée, de taches oblongues, noires, placées entre les nervures.

Taches ordinaires blanches, salies de brun intérieurement, à peu près de même forme, réunies par leur base et très divergentes par le haut, de manière à former un V. Frange double, entrecoupée et précédée d'une ligne de petites petites lunules noires. Ailes inférieures grises, plus claires à la base, avec la frange jaunâtre et coupée dans toute sa longueur par une ligne grise. — ♀ semblable.

La chenille vit en août et septembre sur le *silene inflata*, et aussi selon M. Peyerimhoff, sur la croix de Jérusalem *(agrostemma coronaria.)* Pendant le jour elle se cache au pied de la plante, jusque dans les racines, et un seul pied de silène en recèle souvent douze ou quinze individus. Le papillon éclôt en juin, juillet et août; il habite toute la France, mais on le prend rarement.

Silenes, Hb., Dup.

33^{m}. Ailes supérieures roussâtres, avec les deux lignes médianes géminées, ondulées, d'un brun noirâtre. Subterminale blanche, formant trois angles aigus dans son milieu, surmontés chacun d'une tache cunéiforme noire très prononcée. Taches ordinaires plus claires, bordées de noir ; claviforme brune, évidée. Frange concolore, dentée et entrecoupée de brun. Ailes inférieures d'un brun roussâtre, avec deux lignes transverses plus claires et la frange entrecoupée de brun.

Le chenille est encore mal connue, cependant on sait qu'elle vit dans les capsules du *silene viscosa*. Papillon en juin. Environs de Montpellier, Pyrénées-

Orientales. Toujours très rare. M. de Graslin qui a pris cette espèce à Collioure, a remarqué que les chrysalides restent quelquefois trois et quatre ans avant de donner l'insecte parfait.

Cæsia, S.V. Dup.

35m. Ailes supérieures d'un gris bleuâtre ou ardoisé, plus ou moins ombré de noir, avec une éclaircie à la base, et une autre dans l'espace médian. Lignes très confuses, l'extrabasilaire festonnée, se dessinant faiblement en clair sur une ombre noirâtre. Coudée nulle ; subterminale dessinée vaguement par une raie sinueuse d'une teinte plus pâle. Taches à peine indiquées en blanc bleuâtre. Frange entrecoupée de noir. Ailes inférieures d'un gris légèrement bleuâtre, avec la frange plus claire. — ♀ semblable mais plus grande.

La chenille est à peine connue. Le papillon éclôt en juillet, il habite les contrées montagneuses. Doubs, Savoie, Pyrénées, Basses-Alpes. Pas très commun.

Filigramma, Esp. Gn.

33m. Ailes supérieures d'un brun-jaunâtre ou olivâtre, avec de nombreux linéaments d'un jaune orangé, à la base, au contour des taches ordinaires et surtout, les traits sagittés de l'espace subterminal. Ligne extrabasilaire noire, festonnée, éclairée de blanchâtre extérieurement. Ligne coudée également noire, très dentée, avec de petites taches d'un blanc bleuâtre entre chaque dentelure ; subterminale blanche, très-brisée. Taches ordinaires blanchâtres, salies dans leur milieu et bordées d'un filet noir. Frange brune entrecoupée de jaunâtre, précédée d'une ligne de petites lunules noires. Ailes inférieures à peu près de la couleur des supérieures, avec une raie transverse, sinuée, brune, et un point blanchâtre vers l'angle anal. — ♀ semblable, un peu plus grande, avec l'oviducte très saillant.

La chenille est peu connue et vit, dit-on, sur les *silene inflata* et *nutans*. Papillon en juin et juillet ; toujours assez rare. Environs de Paris, forêt de Villers-Cotterets, Saône-et-Loire, *Constant ;* Auvergne, *Guillemot.*

VAR. *Xanthocyanea*, Hb., Dup., Gn.

De la taille de *Filigramma*, dont elle se distingue par sa couleur grise, tirant parfois sur le bleuâtre, à ses traits d'un orangé clair, jamais aussi nombreux, surtout ceux de l'espace subterminal, et souvent réduits à une seule tache près de la base.

M. Guenée considère cette variété comme une espèce distincte, malgré sa grande ressemblance avec *Filigramma*. Elle a été prise dans les mêmes localités que celle-ci par M. Constant, mais paraît exister seule dans l'Indre. *Maurice Sand.* Nous avons pris autrefois cette espèce, assez communément aux environs de Paris, mais elle y est devenue très rare depuis.

LUTEOCINCTA, Rbr., Dup.

32mm. Se rapproche beaucoup de *Filigramma*, non seulement par le dessin, mais encore parce que la femelle a le ventre court, muni d'un oviducte saillant. Ailes supérieures, d'un gris blanchâtre varié de nuances brunes et de traits jaunes, traversées par trois lignes principales noirâtres ; l'extrabasilaire sinueuse, dentée, placée obliquement, bordée intérieurement d'un liseré blanchâtre ; coudée sinueuse, dentée en scie, avec les dents très aiguës et prolongées extérieurement. Espace médian d'un gris blanchâtre, nuancé de brun, surtout autour de la tache réniforme au-dessous de laquelle on aperçoit les rudiments d'une ligne brune en zigzags. Cette tache est limitée par une ligne brune dont les côtés externe et interne sont intérieurement bordés de jaune ; il en est de même de l'orbiculaire qui est presque carrée, et dont les bords antérieurs et postérieurs ne sont pas sensibles ; après elle il existe un petit trait jaune qui s'unit presque à son côté interne. Ligne subterminale sinueuse, dentée, avec son milieu formant obscurément la lettre M. Frange double, jaune intérieurement, blanchâtre extérieurement, entrecoupée de brun, précédée d'une série de petites taches triangulaires noires. Ailes inférieures d'un brun foncé, brunâtres vers la base, avec les rudiments d'une ligne transverse, blanchâtre, dans leur milieu. Frange bicolore comme aux ailes supérieures. — ♀ semblable mais avec un oviducte saillant.

Cette rare espèce, dont la chenille est inconnue, a été découverte aux environs de Lyon en 1832, par M. le docteur Rambur, auquel nous empruntons cette description, ne la connaissant pas en nature. M. Guenée la place, mais avec doute, dans son genre *Hecatera ;* mais par sa ressemblance avec *Filigramma*, et par l'oviducte de sa femelle, nous pensons avec

M. Lederer, qu'elle est mieux placée dans le genre *Dianthœcia*. Environs de Lyon et de Montpellier, Ardèche, en juin.

TEPHROLEUCA, Bdv., Dup., Gn.

30^{m}. Ailes supérieures d'un gris cendré un peu bleuâtre, saupoudrées d'atomes jaunâtres sur l'espace médian, avec tous les dessins noirs, fins, très arrêtés. Ligne extrabasilaire géminée ; coudée denticulée, ces deux lignes éclairées extérieurement de cendré clair. Taches ordinaires de la même couleur, très nettes, l'orbiculaire ronde, pupillée de cendré jaunâtre ; la réniforme presque entièrement remplie de gris cendré un peu jaunâtre. Ligne subterminale d'un cendré clair, dentée, précédée de traits circonflexes noirs. Frange noirâtre, entrecoupée de blanc, précédée de petits points triangulaires, noirs. Ailes inférieures noirâtres, plus claires à la base, avec le point anal très net. — ♀ un peu plus obscure, avec l'oviducte comprimé latéralement, d'un roux clair.

Cette jolie espèce dont la chenille est inconnue, et que l'on croyait habiter exclusivement Chamouny et les Alpes de la Savoie, a été prise à Montlouis *(Pyrénées-Orientales)*, par M. de Graslin. Toujours rare dans les collections.

ALBIMACULA, Bkh., Dup., (pl. 39, fig. 6.)

35^{m}. Ailes supérieures d'un brun chocolat, avec deux taches d'un beau blanc, l'une à la base, l'autre dans l'espace médian. La première est traversée par la demi-ligne qui est noire, elle est bordée intérieurement d'une autre ligne noire qui descend jusqu'au bord interne, où elle fait un crochet. Les lignes extrabasilaire, coudée et subterminale sont blanches, très dentées et bordées de noir, d'un seul côté. Taches ordinaires blanches, l'orbiculaire ronde pupillée de brun-jaunâtre ; la réniforme irrégulière, beaucoup plus remplie de brun ; ces deux taches sont souvent liées entre elles par un trait perpendiculaire blanc, et s'appuient inférieurement sur la seconde tache blanche, irrégulière, mais ayant souvent la forme d'une équerre. Cette dernière tache blanche est presque toujours liée à la ligne extrabasilaire par un trait noir, épais. Frange brune, entrecoupée de blanc et précédée d'une série de petits points triangulaires noirs. Tête et thorax de la couleur des ailes, variés de blanc ; ptérygodes blanches formant grossièrement un S. Crête du thorax formant un X. Ailes inférieures brunes plus claires à la base, avec le point anal bien marqué. — ♀ semblable, se distingue par son oviducte.

La chenille vit en juin et juillet sur la tige et dans les fleurs du *silene nutans*. Papillon en mai, juin et juillet de l'année suivante.

Cette belle espèce se trouve dans presque toute la France, mais n'est commune nulle part. On la prend en battant les arbres, et au crépuscule sur les œillets des jardins et des champs.

Magnolii, Bdv. Dup.

Cette espèce ressemble tellement à l'*Albimacula* pour la taille, la couleur du fond et les dessins, qu'on peut la décrire en disant d'elle, que c'est l'*Albimacula, moins les taches blanches.*

La chenille est peu connue ; M. Boisduval dit qu'elle vit sur les *Silene nicœensis* et *noctiflora* dans le midi de la France ; M. l'abbé Fettig a pris l'insecte parfait en Alsace dans une localité où foisonne le *Silene nutans* (1), et M. Wullschlegel, de Lensbourg, dit que la chenille vit de la graine de cette plante ; MM. Bellier et Guillemot ont pris communément le papillon voltigeant le soir autour du *Silene viscosa*, aux environs de Florac *(Lozère) ;* enfin M. Constant en a pris deux individus en Saône-et-Loire, sur les fleurs de l'œillet à bordures (*Dianthus plumarius*), ce qui prouve que la chenille doit vivre sur différentes espèces de Dianthées. Toujours assez rare.

Conspersa, S.V., Dup.

35m. Ailes supérieures d'un noir bleuâtre, souvent mélangé d'un peu d'orangé, surtout sur le disque, avec plusieurs taches blanches, dont une à la base, traversée par la demi-ligne, comme chez *Albimacula ;* une plus grande dans l'espace médian, se confondant avec la tache orbiculaire, qui est entièrement blanche, et se réunissant à la réniforme qui est salie de noirâtre dans son milieu, et surtout à sa base ; une troisième à l'angle apical, bordée par la ligne subterminale qui est blanche et anguleuse ; enfin deux au bord interne. Les

(1) M Fallou nous communique un des deux individus pris par M. l'abbé Fettig. Après l'avoir examiné, nous avons reconnu que cet individu était *Dianthœcia Filigramma.* Il y a donc lieu de croire que *Magnolii* ne se trouve pas en Alsace.

deux lignes médianes sont noires, géminées, ondulées et éclairées de blanc dans leur milieu vers le bord interne. Frange noirâtre entrecoupée de blanc. Ailes inférieures noirâtres, plus claires à la base, avec un point blanchâtre vers l'angle anal. Tête blanchâtre. Thorax varié de blanc et de noir. — ♀ ne différant que par son oviducte.

La chenille ne vit point sur le saule, comme le présûmait Duponchel ; elle vit de la graine des *Lychnis flos-cuculi* et *sylvestris*, et, à défaut, de celle du *Lychnis dioica*. Dans sa jeunesse, elle se loge dans les capsules, et plus tard on la trouve presque toujours ayant les premiers anneaux engagés dans le fruit. Vers la fin de juin, elle est parvenue à toute sa taille et se chrysalide dans une coque peu solide, composée de grains de terre et de fils de soie. Elle habite principalement les lieux ombragés et les prairies humides. Le papillon éclôt au mois de juin de l'année suivante, il se trouve plus ou moins communément, dans presque toute la France.

COMPTA, S.V., Dup.

31^{m}. Très voisine de *Conspersa*. Ailes supérieures d'un noir bleuâtre, ayant à la base une légère tache blanche traversée par la demi-ligne, et au-dessous, à égale distance de la côte et du bord interne, une petite tache ronde d'un jaune orangé. Espace médian entièrement traversé par une bande blanche, irrégulière, plus ou moins large selon les individus. Sur cette bande on aperçoit la réniforme et l'orbiculaire finement dessinées en noir. Les deux lignes médianes sont noires, géminées et éclairées de blanc dans leur intervalle vers le bord interne. La subterminale est très brisée et d'un jaune orangé. Frange d'un blanc un peu jaunâtre et entrecoupée de noirâtre. Ailes inférieures d'un gris-noirâtre, plus claires à la base, avec un point jaunâtre près de l'angle anal. Tête et thorax, variés de noir et de blanc. — ♀ ne différant que par son oviducte.

La chenille vit de la graine de l'œillet des jardins *(Dianthus prolifer* et *caryophyllus)*; elle se comporte comme celle de *Conspersa*, et se chrysalide de la même manière. Elle n'est pas rare dans presque toute la France. Le papillon éclôt en mai et juin de l'année suivante.

Ab., *Viscariæ*, Gn.

La bande blanche est interrompue dans le bas par des linéaments bruns ou jaunes, et rétrécie vis-à-vis de la claviforme, au point de ne plus former qu'une tache à peu près carrée. Fond de la couleur ordinairement plus mêlée de jaune et de brun clair. *Guenée.*

Genre HECATERA, Gn.

Antennes simples, pubescentes à cils égaux dans les mâles, filiformes dans les femelles. Palpes courts, velus, à dernier article très court. Thorax robuste, velu, subcarré, à ptérygodes courtes et obtuses. Abdomen velu, au moins latéralement, peu crêté, celui des femelles épais, obtus, sans oviducte saillant. Ailes supérieures ayant les deux lignes médianes distinctes, rapprochées inférieurement, l'espace médian ordinairement plus obscur que le fond. Les chenilles sont lisses, roses, allongées, à tête petite, sans chevrons dorsaux ; elles vivent à découvert au sommet des tiges des plantes basses, dont elles dévorent les fleurs et les boutons. Chrysalides renfermées dans des coques molles et enterrées.

Ce genre créé par M. Guenée et qui nous paraît très naturel, n'a point été adopté par M. J. Lederer.

DYSODEA, S.V., Dup., Gn.

30 à 32^{m}. Ailes supérieures d'un gris clair, ou d'un gris jaunâtre, plus ou moins saupoudré d'olivâtre avec l'espace médian de cette couleur, mais plus foncé, sur lequel les deux taches ordinaires se dessinent en clair, et sont cerclées d'orangé. Lignes médianes noires, festonnées, éclairées de gris blanchâtre extérieurement ; subterminale formée de taches orangées, surmontées de traits circonflexes olivâtres ; on voit, en outre, quelques taches orangées à la base et sur les lignes, mais elles sont souvent peu visibles. Frange entrecoupée de gris et d'olivâtre, précédée d'une ligne de petites lunules noires. Ailes inférieures d'un gris noirâtre, plus clair sur le disque, avec la frange précédée d'une ligne festonnée noirâtre. Thorax mêlé de gris et d'olivâtre, avec le collier et les ptérygodes bordés d'orangé et d'une petite ligne noire. — ♀ semblable.

La chenille vit en juillet et août sur la laitue vivace *(Lactuca perennis)*, la laitue cultivée *(Lactuca sativa)*, et autres chicoracées dont elle mange les fleurs et les boutons ; elle se tient à découvert, appliquée et allongée sur les rameaux de la plante. On en trouve souvent plusieurs réunies sur le même pied. Le papillon éclòt en mai, juillet et août. Troncs des arbres, clôtures, touffes de lierre, etc., assez commun partout.

SERENA, S.V., Dup. (pl. 39, fig. 7.)

31^{m}. Ailes supérieures d'un blanc légèrement bleuâtre, mélangé de gris, avec l'espace médian formant une bande brunâtre, maculée de quelques traits noirs ; sur cette bande on voit les deux taches ordinaires, qui s'y dessinent en blanc, avec leur milieu sali de brun. Lignes médianes noires, dentelées, accompagnées extérieurement d'un filet jaunâtre ; subterminale vague, souvent simplement indiquée par une ombre maculaire grisâtre. Frange blanche, entrecoupée de gris, précédée d'une série de petites lunules noires. Ailes inférieures grisâtres avec le disque traversé par une ligne sinueuse blanchâtre et la frange blanche. — ♀ semblable.

La chenille vit en mai et août sur les fleurs des plantes composées, principalement sur celles des chicoracées, telle que laitue vivace (*Lactuca perennis*), épervière à ombelles (*Hieracium umbellatum*), léontodons hispide et velu (*Leontodon hispidum et hirtum*), crépide des toits (*Crepis tectorum*), etc., dans les champs et les allées des bois. Elle se tient à découvert. Sa métamorphose a lieu en terre dans une coque mince. L'insecte parfait éclòt en mai et juin, quand la chenille s'est chrysalidée en automne, et en juillet et août, quand la métamorphose a lieu en été. Commun dans presque toute la France, arbres des routes, murs de clôtures, etc., se prend aussi à la miellée.

VAR. *Leuconota*, Ev., Gn.

D'un blanc plus clair, sans lunules terminales et sans aucune trace de la ligne subterminale, à la place de laquelle on ne voit qu'un très petit point entre la première et la deuxième inférieure. Point de traces jaunes sur les lignes, dont le filet externe manque presque complètement. Ailes inférieures avec une liture blanche terminale, prolongée dans presque toute sa longueur.

Beaucoup plus rare que le type. Indre, *Maurice Sand* ; Fontainebleau.

MONTICOLA, Dup., Gn.

29m. Très voisine de *Serena*, dont elle n'est peut-être qu'une variété. Ailes supérieures d'un blanc jaunâtre, avec tout l'espace médian, moins une partie de la côte, d'un gris brun, limité par les lignes médianes, qui sont noires et bien accusées ; sur cet espace se découpent les deux taches ordinaires, de la couleur du fond et fortement cerclées de noir ; l'orbiculaire petite et arrondie ; la subterminale indiquée par des groupes d'atomes noirs isolés. Ombre médiane noire et bien marquée. Frange blanche, coupée de points noirs. Ailes inférieures blanc sale, avec une ligne vague et une teinte terminale noirâtres ; frange blanche coupée de noir.

Cette rare espèce dont la chenille est inconnue a été découverte dans les alpes du Dauphiné, par M. Boisduval ; elle a été prise aussi par Bruand, à Pontarlier *(Doubs)*, en juillet. MM. Lederer et Staudinger, ne la considèrent que comme une variété de *Serena*.

Cappa, Hb. Dup.

32m. Ailes supérieures blanches, quelquefois très légèrement teintées de jaunâtre, avec toutes les lignes noirâtres et l'espace médian teinté de brunâtre, surtout entre les deux taches ordinaires, qui sont blanches, grandes, ouvertes par en haut, paraissant atteindre la côte et bordées de noir. Claviforme blanche, touchant l'orbiculaire, bordée de noir inférieurement et intérieurement. Demi-ligne courte, suivie intérieurement d'un point noir, et vers le bord interne d'un petit trait longitudinal également noir. Lignes extrabasilaire et coudée très dentelées, bordées extérieurement d'un filet brunâtre, ordinairement peu marqué. Quelques traits sagittés noirs, viennent s'appuyer sur la subterminale qui est dentée, et terminée à la côte, par une tache vague, subtriangulaire. On voit en outre, dans l'espace médian, une ligne noire, en zigzags, plus épaisse que les autres lignes, laquelle part de la côte, touche intérieurement la réniforme et descend jusqu'au bord interne. Frange blanchâtre, légèrement entrecoupée et précédée d'une fine ligne noire, régulièrement festonnée. Ailes inférieures grisâtres avec le bord externe longé par une bande d'un gris ardoisé, séparée elle-même de la terminale par une liture blanchâtre. — ♀ semblable, ordinairement un peu plus jaunâtre.

La chenille vit en mai et juin sur différentes espèces de pied d'alouette (*Delphinium ajacis* et *staphysagria*), dont elle mange les fleurs, les graines et les capsules vertes, dans les champs et les jardins. Elle se chrysalide à la surface de la terre dans une coque molle, et le papillon éclôt ordinairement dans le courant de mars et d'avril. Il est très rare de le trouver quoique la chenille soit commune dans les environs de Marseille, de Montpellier, de Perpignan, etc.

Genre PHOROCERA, Gn.

Antennes cylindriques, filiformes et complètement glabres dans les deux sexes. Palpes courts, velus, hérissés, le deuxième article de niveau avec les poils du front, le troisième ovoïde, moyen, squammeux. Spiritrompe longue et robuste. *Front surmonté d'une pièce cornée en cuvette, au milieu de laquelle est une corne tronquée.* Thorax arrondi, velu, épais. Abdomen très court, conoïde obtus, velu latéralement. Pattes courtes, à éperons longs et grêles. Ailes entières, épaisses, les supérieures parsemées d'écailles très grossières, à dessins et lignes peu distinctes. Chenilles inconnues.

Canteneri, Dup., Gn.

30^{m}. Ailes supérieures un peu aiguës à l'angle apical, d'un gris rougeâtre, avec les deux lignes médianes géminées, ondées et dentées, noirâtres ; la subterminale vague, bordée de noirâtre antérieurement, et un filet terminal noir, très net et fortement denté. Tache orbiculaire arrondie, annulaire, avec un point obscur au milieu ; réniforme effacée et indiquée seulement par un trait noir du côté interne ; une série de points blancs bien distincts derrière la coudée. Ailes inférieures d'un gris rosé, avec une large bande terminale noirâtre, surmontée d'une série d'atomes semblables, et une ligne terminale fortement dentée.

Cette espèce rare et peu connue, a été découverte par Cantener, dans les environs d'Hyères, en mai, sur une colline plantée de lenstiques et de chênes-liéges.

Felicina, Donzel, Gn. (pl. 39, fig. 10.)

27 à 30^{m}. Ailes supérieures d'un ferrugineux rougeâtre, ou d'un rouge de brique pâle teinté de lilas et marqué çà et là de groupes d'écailles larges, d'un jaune-ocracé, qui font plus ou moins ressortir, surtout par en haut, les lignes de la couleur du fond, ainsi que les taches et surtout la réniforme, qui est petite et en O. Ligne subterminale remplacée par quelques points ocracés isolés ; bord terminal liseré de rouge clair, coupé par des points semblables. Frange large, d'un ocracé rougeâtre. Ailes inférieures d'un gris ocracé ; frange d'un rouge carné.— ♀ semblable.

Chenille inconnue. Papillon en mai aux environs de Marseille, et à Collioure (*Pyrénées-Orientales*) *de Graslin*. Toujours rare.

Genre POLIA, Och.

Antennes longues, subciliées dans les mâles, simples

ou filiformes dans les femelles. Palpes courts, droits, à deuxième article un peu renflé, velu, à troisième très court, tuberculeux, mais distinct. Spiritrompe assez courte. Thorax épais, velu-laineux. Abdomen allongé, velu, crêté sur les premiers anneaux dans les mâles, gros, cylindrique et obtus dans les femelles. Chenilles rases, lisses, allongées, de couleurs vives et uniformes ; à tête assez grosse, globuleuse, vivant à découvert sur les plantes herbacées, où elles se tiennent étendues le long des tiges, ou simplement abritées. Chrysalides lisses, avec la partie postérieure un peu allongée, renfermées dans des coques molles et assez profondément enterrées. Les insectes parfaits sont ordinairement d'un gris blanc ou cendré, les lignes et les taches dessinées en gris noir et interrompues çà et là, y forment comme de nuages détachés. Ils volent peu et varient beaucoup.

Chi. L., Dup., (pl. 40, fig. 1.)

37m. Ailes supérieures d'un gris blanchâtre, quelquefois légèrement bleuâtre, avec l'espace médian d'un gris plus foncé, sur lequel se dessinent en clair les deux taches ordinaires, grandes et bordées de noir. Au-dessous de ces taches on remarque un trait noir, longitudinal, court, épais, ayant la forme d'un *x* (*chi* grec.) Les lignes sont noirâtres, ondulées et bordées extérieurement d'un filet un peu plus clair. Deux ou trois traits cunéiformes noirs s'appuient sur la subterminale. Frange blanchâtre, entrecoupée de gris et précédée d'une série de petites taches triangulaires noires. Ailes inférieures blanches ainsi que la frange. — ♀ semblable, mais avec les ailes inférieures plus grises, un trait cellulaire noirâtre, une ligne ondée sur le disque et une liture terminale blanchâtres.

La chenille vit en mai et juin sur une foule de plantes, telles que genêts, ancolie, laitue cultivée, bardane, sauge des prés, etc. Le papillon éclôt en juin, juillet et septembre ; il n'est pas rare dans une grande partie de la France. Paris, *Fallou ;* Aube, *Jourdheuille ;* Indre, *Maurice Sand ;* Auvergne, *Guillemot ;* Pyrénées-Orientales, *de Graslin*, etc.

Canescens, Bdv., Dup.

40m. Ailes supérieures blanches légèrement saupoudrées de gris avec toutes les lignes plus ou moins distinctes ; l'extrabasilaire très anguleuse ; la coudée souvent réduite à des points ; ces deux lignes se rapprochant vers le bord interne ; la subterminale formée de taches brunâtres, nébuleuses. Taches ordinaires, presque toujours oblitérées ; frange blanchâtre, précédée d'une ligne de petites lunules noires, bien marquées. Ailes inférieures d'un beau blanc luisant, souvent saupoudrées de gris sur les nervures. — ♀ semblable, mais avec les ailes inférieures gris-noirâtre.

Chenille en mai et juin sur différentes plantes, principalement sur l'asphodèle (*Asphodelus microcarpus).* Papillon en septembre et octobre ; France centrale ; Ardèche ; Auvergne, rare, *Guillemot ;* Charente assez rare, *Delamain ;* Indre, commun, *Maurice Sand ;* Saône-et-Loire, pris une fois abondamment sur les bruyères, *Constant.*

VAR. *Pumicosa*, Hb., Dup., Gn.

Ailes supérieures plus grises et plus saupoudrées d'atomes olivâtres, dans lesquels se perdent toutes les lignes. Quelques teintes jaunâtres plus marquées sur le disque. Midi de la France.

VAR. *Asphodeli*, Rambur, Dup., Gn.

Plus foncée que *Pumicosa* et très sablée d'atomes noirâtres, surtout chez les femelles. Frange bien divisée par une ligne noirâtre. Ailes inférieures ayant l'extrémité des nervules bien marquée en noir chez le mâle. France méridionale.

PLATINEA, Tr., Dup.

40m. Cette espèce est la moins caractérisée de toutes les *Polia ;* ses ailes supérieures sont d'un gris blanchâtre plus ou moins saupoudré de brun, avec tous les dessins presque complètement absorbés par la couleur du fond ; même dans les individus les plus frais. *Ailes inférieures noirâtres dans les deux sexes.*

Chenille inconnue. Papillon en juillet. Assez rare en France, Larche, Digne *(Basses-Alpes)*, Lozère, Pyrénées-Orientales, Auvergne, *Guillemot.*

NIGROCINCTA, Tr., Dup. Gn.

40m. Ailes supérieures d'un cendré clair ou bleuâtre, avec de nombreux atomes noirs et l'espace médian sensiblement plus foncé. Sur cet espace les taches ordinaires se découpent en gris clair, bordées de noir et d'un peu de jaune. Lignes noires, ondulées, interrompues ; la coudée accompagnée d'une série de petits points blancs ; la subterminale flexueuse, formée de taches jaunes bordées de noirâtre. Indépendamment de ces lignes, on en remarque une autre géminée, noire, en zigzag, laquelle part de la base de la réniforme et descend jusqu'au bord interne. Côte marquée d'une suite de points noirs et blancs. Frange grise, entrecoupée de jaune clair et précédée d'une ligne de taches triangulaires noires. Ailes inférieures blanches, sans ligne médiane, avec un point cellulaire et une série de lunules terminales bien marquée. — ♀ plus rembrunie, avec les ailes inférieures d'un gris noir.

La chenille vit en mai sur le plantain lancéolé (*Plantago lanceolata*), selon Duponchel ; mais elle vit aussi sur le genêt, où elle a été trouvée par MM. Guillemot et Constant. Le papillon varie beaucoup ; il éclôt en juillet, août et septembre ; il est généralement méridional, mais il habite aussi les grandes vallées des Vosges, *de Peyerimhoff* ; l'Auvergne, *Guillemot* ; Saône-et-Loire, *Constant* ; nous l'avons pris à Fontainebleau.

VAR. *Xanthomista*, Hb., Gn.

Ailes supérieures très rembrunies, avec de nombreux atomes noirs, couvrant toute la surface ; beaucoup d'atomes d'un jaune orangé vif, suivent toutes les lignes, entourent les taches et longent le bord externe. — ♀ d'une teinte généralement plus jaunâtre avec les atomes plus vifs et plus étendus. France méridionale.

Argillaceago, Hb., Gn. *Venusta*, Bdv., Dup.

36 à 40^{m}. Ailes supérieures d'un jaune d'ocre clair, avec l'espace médian un peu noirâtre, et l'espace terminal un peu rougeâtre. Sur l'espace médian on aperçoit les deux taches ordinaires qui sont de la couleur du fond. Lignes médianes doubles ou triples, ondées et dentées; coudée suivie d'une série de petits points d'un jaune clair placés sur les dentelures ; subterminale ondulée, d'un jaune clair. Thorax d'un jaune pâle avec quelques points noirs. Frange d'un jaune uni, légèrement festonnée. Ailes inférieures, d'un blanc pur ainsi que la frange. — ♀ semblable, mais avec les ailes inférieures grises.

Cette belle espèce est assez variable, quelques individus ont tout l'espace médian saupoudré de noir, sur lequel les deux taches se dessinent en clair, cet espace est bordé de chaque côté par une bande d'un rose jaunâtre pâle ; la subterminale est indiquée par des groupes d'atomes noirs, formant des traits sagittés ; d'autres individus ont toute la surface de l'aile presque uniformément mêlée de jaune d'ocre et de rose foncé, avec l'espace médian point ou à peine noirâtre.

La chenille éclôt en octobre, passe l'hiver et parvient à toute sa taille vers la fin de mars. Dans le midi de la France, aux environs de Marseille, elle vit sur l'*Ulex parviflorus*, le *Spartium junceum*, les *Cistus albidus*, et *salviæfolius* : à Celles-les-Bains *(Ardèche)* ; c'est sur le *Thymus vulgaris*, le *Dorycnium suffruticosum*, et principalement sur le *Genista scorpius*, qu'on la trouve le plus communément. Elle n'est pas rare, mais comme elle vit cachée pendant le jour, c'est la nuit à la lanterne qu'il faut la chercher. Le papillon éclôt en septembre ; Saône-et-Loire, *Constant*, toujours assez rare.

POLYMITA, L., Dup.

41[m]. Ailes supérieures d'un vert pistache lavé de noirâtre, avec tout l'espace médian plus foncé et formant une large bande, bordée des deux côtés par les lignes médianes qui sont noires, festonnées et bordées de blanc extérieurement ; la subterminale est également blanche, très anguleuse et chargée de trois taches noirâtres, une à la côte, une au milieu et la troisième vers l'angle interne. Taches ordinaires dessinées en blanc ; la réniforme salie de brun dans son milieu et bordée de fauve intérieurement ; l'orbiculaire petite, pupillée de brun. On voit en outre, sur l'espace médian, une ligne noire en zigzags, qui part de la côte et descend jusqu'au bord interne. Frange grise entrecoupée de noirâtre, précédée d'une ligne de petites taches triangulaires noires. Ailes inférieures blanchâtres, avec les nervures et une bande interrompue, noirâtre, longeant le bord marginal. Frange blanchâtre, légèrement entrecoupée, précédée d'une ligne noire, n'atteignant pas l'angle anal. — ♀ semblable.

Selon M. Treitschke, la chenille vit sur la bardane et le papillon éclôt au commencement de juillet.

Cette espèce habite la Hongrie et l'Autriche ; néanmoins, elle doit être considérée comme espèce française, car elle a été prise aux environs d'Arras, par M. Colin, et à Montpellier, par M. le docteur Rambur.

Flavocincta, S.V., Dup., Gn. (*Flavicincta.*)

42ᵐ. Ailes supérieures d'un blanc jaunâtre saupoudré d'atomes gris, surtout vers le milieu de l'aile. Lignes médianes très distinctes, très dentées, noirâtres ; la subterminale formée de traits sagittés plus ou moins chargés de jaune orangé. Taches ordinaires de la couleur du fond, bordées du même jaune orangé, lequel forme à la base, sous la costale et la sous-médiane, deux traits qui se prolongent quelquefois jusqu'à la subterminale. Frange grise entrecoupée de noirâtre. Ailes inférieures d'un blanc sale saupoudré de gris, avec une ligne médiane dentée, et une ombre subterminale, noirâtres. — ♀ semblable.

Le chenille vit en mai, juin et juillet, sur une foule de plantes et d'arbustes, même sur les saules. Le papillon éclôt en septembre et octobre ; il se trouve dans toute la France, plus ou moins communément, selon les localités.

Var. *Meridionalis*, Bdv.

Cette variété est à *Flavicincta*, ce que *Xanthomista* est à *Nigrocincta*, c'est-à-dire que les atomes noirâtres sont si nombreux, que toute la surface de l'aile est d'un gris foncé chez le mâle, et d'un gris noir chez la femelle. La couleur orangée est aussi plus intense, et les groupes de cette couleur de la ligne subterminale sont enveloppés de part et d'autre de taches noirâtres, vagues, qui perdent la forme sagittée. Ailes inférieures notablement plus foncées. Midi de la France, Indre,

Maurice Sand : Collioure, *de Graslin :* Auvergne, *Guillemot :* Ax *(Ariège)*. Pas très commune.

Cœrulescens, Bdv., Dup., Gn.

38m. Ailes supérieures d'un cendré blanchâtre, très rarement jaunâtre, avec l'espace médian d'un cendré bleuâtre obscur, surtout vers le bord interne, ainsi que le bord externe de l'aile. Lignes très dentelées, mal déterminées, non liserées de jaune orangé. Taches ordinaires de la couleur du fond, vagues ; l'orbiculaire pupillée de gris ; la claviforme peu indiquée, suivie d'une petite tache vague, légèrement jaunie. Frange précédée d'une série de petits points noirs, bien marqués. Ailes inférieures d'un blanc sale, avec les traces d'un point cellulaire et d'une ligne médiane. — ♀ semblable, avec les ailes inférieures d'un gris clair.

La chenille vit en décembre et janvier sur plusieurs valérianées, principalement sur les *Centrathus ruber*, et *calcitrapa*, le *Cistus albidus*, l'*Atriplex humilis ;* le *Buxus sempervirens*, l'*Hyosciamus niger*. Chrysalide enterrée. Le papillon éclôt en septembre et octobre ; il n'est pas rare en Provence, dans l'Ardèche, aux environs de Marseille, dans les Pyrénées-Orientales ; il a été pris aussi, mais plus rarement en Saône-et-Loire, *Constant ;* dans la Gironde, *Trimoulet*.

Rufocincta, Hb., Dup.

46m. Voisine de *Flavocincta*, mais d'une taille beaucoup plus grande. Ailes supérieures d'un gris cendré, plus ou moins bleuâtre, plus foncé à la base de l'espace médian, à dessins vagues et mal déterminés; ligne extrabasilaire ondulée, grisâtre ; une ligne de points blancs à la place de la coudée ; subterminale formée de taches subtriangulaires, orangées, bordées de gris. Taches ordinaires, vagues, grisâtres, plus ou moins cernées d'atômes fauves. On voit, en outre, deux lignes d'un jaune orangé, dans la direction des nervures ; la première part du milieu de la tache réniforme et s'étend jusqu'à la ligne subterminale ; la seconde part de la base de l'aile et rejoint aussi la subterminale. Ces deux lignes sont souvent interrompues, et plus ou moins bien indiquées. Enfin, on voit aussi quelques traces d'orangé à la base du bord interne. Frange festonnée et entrecoupée de gris. Ailes inférieures d'un blanc sale avec la ligne médiane très vague. — ♀ d'un ton plus foncé avec les ailes inférieures noirâtres.

La chenille est mal connue et vit, dit-on, sur plusieurs espèces de plantes basses. Le papillon éclôt en août et septembre ; il habite principalement la Suisse, mais se trouve aussi, quoique rarement en France. Doubs, *Bruand ;* Gironde, *Trimoulet ;* Alsace, *de Peyerimhoff;* Ardèche, *Millière.*

Var. *Mucida*, Bdv., Gn.

Ailes supérieures d'un blanc plus pur et nuancé de gris de lin très clair, avec les litures jaunes à peine marquées. Toutes les lignes éclairées de blanc ; la subterminale sans taches jaunes. Ailes inférieures plus blanches.

Départements de l'Ain, du Jura, *Roland ;* Cannes *(Alpes-Maritimes)*. Très rare.

Anilis, Bdv., Dup., Gn.

44m. Ailes supérieures très étroites et allongées, prolongées à l'angle apical, subdentées, d'un blanc cendré, avec l'ombre médiane et le bord terminal noirâtres ; la demi-ligne et l'extrabasilaire géminées, à filets écartés, brisés en zigzag ; la coudée aussi géminée, vaguement dentée, rapprochée par en bas, où l'ombre médiane occupe une partie de l'espace médian, écartée par en haut ; la surbterminale claire, vague, inégalement dentée. Les deux taches presque égales, concolores, finement bordées de noir du côté de l'ombre médiane ; un trait basilaire noir assez marqué. Ailes inférieures d'un blanc sali, avec une bandelette vague, subterminale plus claire et le bord noirâtre. Chenille inconnue.

Ne connaissant pas cette rare espèce, nous en donnons la description d'après M. Guenée ; cette description a été faite, dit-il, d'après une femelle assez mauvaise. Alpes de Digne en juillet.

(Ammoconia, Ld.)

Vetula, Bdv., Dup., Gn.

45 à 48m. Ailes supérieures allongées à l'angle apical, d'un blanc cendré finement saupoudré de noirâtre, avec de légères teintes jaunes au bord interne et derrière les taches réniforme et claviforme. Toutes les lignes à peine distinctes. Taches concolores, grandes,

la réniforme se détachant extérieurement par une teinte foncée ; claviforme obscure et jaunâtre. Frange précédée d'une série de points noirs, bien marqués. Ailes inférieures blanches, avec les nervures saupoudrées de noir, et une série terminale de petites lunules noirâtres. — ♀ ayant les ailes inférieures d'un cendré noirâtre à frange blanche. Chenille inconnue. Papillon en août. Provence, îles d'Hyères, Gironde, *Trimoulet*. Rare.

CÆCIMACULA, S.V., Dup., Gn.

45^{m}. Très voisine de *Vetula*, pour le dessin, mais ailes supérieures moins allongées à l'angle apical, d'un gris jaunâtre très finement saupoudré de brun, surtout entre l'ombre médiane et la ligne subterminale. Demi-ligne terminée inférieurement par un petit trait noir ; extrabasilaire et coudée géminées ; subterminale très brisée, plus pâle que le fond, bordée intérieurement de brun. Taches ordinaires grandes, souvent bien déterminées, surtout la réniforme extérieurement ; claviforme indiquée par un trait noir, un peu oblique, s'appuyant sur l'extrabasilaire. Frange précédée d'une série de petits points noirs. Ailes inférieures d'un blanc sale, lavé de gris, avec une ligne médiane et le bord externe d'un gris obscur. — ♀ ordinairement un peu plus grande et plus foncée, avec les ailes inférieures d'un gris brun, uni.

La chenille vit en mai sur le genêt, et sur le pissenlit, selon Hubner. Elle n'est pas très commune ni très facile à élever. Le papillon éclôt en septembre ; on le prend quelquefois à la miellée. Lozère, Basses-Alpes, Indre, *Maurice Sand ;* Gironde, *Trimoulet ;* Auvergne, *Guillemot ;* Aube, *Jourdheuille ;* Saône-et-Loire, *Constant ;* Alsace, *de Peyerimhoff ;* nous avons trouvé nous-même plusieurs fois la chenille à Fontainebleau, sur le genêt.

Cette espèce varie assez pour la couleur, quelques individus sont d'un gris jaunâtre pâle, et tous les dessins sont très confus.

Genre EPUNDA, Dup.

Antennes pectinées dans le mâle, simples ou filiformes dans la femelle. Palpes courts, velus, droits ou peu ascendants, à dernier article très court et tronqué. Spiritrompe peu développée. Thorax arrondi, convexe, velu. Abdomen velu latéralement dans le mâle, lisse, épais et renflé en dessous dans la femelle. Ailes subdentées, les supérieures pulvérentes, un peu luisantes, à lignes et taches bien marquées. Chenilles allongées, rases, lisses, de couleurs vives, vivant à découvert sur les plantes basses, contre les tiges desquelles elles se tiennent appliquées.

LUTULENTA, S.V., Gn.

35ᵐ. Ailes supérieures d'un gris brun foncé, avec tous les dessins à peine visibles ; la ligne subterminale et la tache réniforme un peu plus claires et un peu bordées de blanchâtre extérieurement. Ailes inférieures d'un blanc satiné avec une ligne marginale noirâtre. — ♀ beaucoup plus noire, avec les ailes inférieures d'un noirâtre foncé, uni.

La chenille se trouve à la fin d'avril et en mai sur une infinité de plantes basses, dans les jardins et les champs de genêts. Elle se fait une coque avec des grains de terre liés avec des fils de soie. Papillon en septembre et octobre. France centrale et méridionale ; Paris, Landes, Alsace, Charente, Indre, Saône-et-Loire, etc. Pas très rare ; se prend souvent au crépuscule sur les fleurs du lierre.

VAR. *Sedi*, Gn. (pl. 40, fig. 2.)

Ailes supérieures d'un gris cendré, avec l'espace médian plus foncé ; toutes les lignes très visibles, géminées, liserées de brun mordoré. Taches médianes un peu plus claires. Ailes inférieures de la femelle d'un gris beaucoup plus clair que dans le type, avec les traces d'une ligne médiane.

France centrale et méridionale, Indre, *Maurice Sand ;* Châteaudun, *Guenée.*

NIGRA, Haw., *Æthiops*, Tr., God., Bdv.

42m. Ailes supérieures d'un brun noir foncé, luisant, avec la moitié inférieure de l'espace basilaire, et l'espace subterminal, entre les nervures, saupoudrés d'atomes jaunes, un peu dorés. Lignes médianes, noires, fines, très dentées ; subterminale indiquée par une série de traits sagittés, noirs. Taches concolores, quelquefois un peu plus claires que le fond ; l'orbiculaire oblique ; la réniforme bordée de noir intérieurement, et d'une ligne de petits points d'un jaune pâle extérieurement ; claviforme bordée de noir, surtout à sa partie inférieure. Frange noire et dentée. Ailes inférieures blanches, sans taches. — ♀ semblable, mais avec les ailes blanchâtres bordées de noirâtre.

La chenille se trouve en mai ; elle est polyphage, mais elle préfère les genêts comme celle de *Lutulenta*, à laquelle elle ressemble beaucoup. Le papillon éclôt en septembre et octobre, il n'est pas plus rare que *Lutulenta*. Indre, *Maurice Sand ;* Gironde, *Trimoulet ;* Aube, *Jourdheuille ;* Pyrénées-Orientales, *de Graslin ;* Auvergne, *Guillemot ;* Alsace, *de Peyerimhoff ;* Saône-et-Loire, *Constant :* Lozère, etc.

L'individu figuré par Godart (pl. 71, fig. 4,) est un mâle avec les ailes inférieures d'une femelle.

Scoriacea, Esp., Dup.

32^m^. Ailes supérieures d'un gris cendré plus ou moins clair, avec tout l'espace médian d'un brun plus ou moins foncé, bordé par les lignes médianes qui sont noires, géminées, ondulées, rapprochées au bord interne, d'un rouge ferrugineux dans leur intervalle ; la subterminale est d'un ferrugineux clair, souvent peu indiquée, précédée d'une ombre grise, vague. Les espaces basilaire et subterminal sont souvent saupoudrés de rougeâtre, surtout dans les individus bien frais. Les taches sont bien écrites, elles sont cerclées de blanc et de noir, avec leur milieu d'un rouge ferrugineux. Frange d'un gris brun, entrecoupée de gris-clair, précédée d'une série de lunules noires. Ailes inférieures d'un blanc assez pur avec une ligne terminale noire. — ♀ semblable, ne diffère que par ses antennes qui sont filiformes, tandis qu'elles sont fortement pectinées chez le mâle. La chenille vit en mai sur le chêne, et le papillon éclôt en septembre et octobre. Il n'est pas rare aux environs de Montpellier.

LICHENEA, Hb., Dup. Gn.

38ᵐ. Ailes supérieures d'un vert olive, mêlé de gris, de noirâtre et de roussâtre, formant des nuages dans lesquels les dessins paraissent confondus ; on distingue cependant les lignes médianes, qui sont grises, liserées de noir ; subterminale précédée de traits cunéiformes noirs ; taches dessinées en clair ; la réniforme tachée de noir intérieurement ; l'orbiculaire pupillée ; la claviforme courte et noirâtre. Frange jaunâtre, précédée d'une série de traits circonflexes noirs. Ailes inférieures d'un blanc sale, avec une tache cellulaire, une ligne médiane dentée, et un liseré épais, noirâtres. — ♀ semblable, mais plus verte, plus vive, et à dessins plus tranchés.

La chenille dont nous ne connaissons ni figure, ni description, est verte jusqu'à la troisième mue, et ensuite brune ; elle vit en avril sur les *Rumex* ; M. Delamain l'a souvent trouvée en grand nombre sur l'oseille commune ; elle est, dit-il, souvent un fléau pour les jardins potagers. Le papillon éclôt en juillet et août. Ouest et midi de la France ; Dinan (*Côtes-du-Nord*), *Oberthur* ; Vendée, Perpignan, *de Graslin* ; Charente, *Delamain*.

Viridicincta, *Frey.*, *Dup.*, est une variété plus pâle.

Le gris blanchâtre domine sur les ailes supérieures, et le vert olive pâle forme tous les dessins, qui sont en partie effacés. Nous ignorons si elle a été trouvée en France.

(Cleoceris, Bdv.)

Viminalis, Fab., Dup., Bdv.

32[mm]. Ressemble un peu à *Scoriacea* pour le dessin, mais les ailes supérieures plus étroites, d'un gris mélangé de roussâtre et de bleuâtre, avec la base et la partie inférieure de l'espace subterminal d'un gris plus clair. Lignes médianes géminées, brunes, leur intervalle plus clair ; la subterminale d'un gris clair. Tache réniforme d'un gris pâle ; orbiculaire fauve, pupillée de brun ; claviforme terminée à son sommet par une tache noire, bidentée. Frange de la couleur du fond, entrecoupée de gris, et précédée d'une ligne de petites lunules noires. Ailes inférieures d'un gris légèrement rougeâtre avec la frange plus claire. — ♀ ne différant que par la forme de l'abdomen.

La chenille vit en avril et mai sur les saules, à l'extrémité des branches, entre les feuilles qu'elle roule et attache avec des fils de soie, ce qui la rend difficile à trouver. Le papillon éclôt en juillet. Nord et centre de la France. Paris, Doubs, Basses-Alpes, Indre, *Maurice Sand*. Aube, *Jourdheuille* ; Alsace, *de Peyerimhoff* ; Auvergne, *Guillemot*. Assez commun.

Genre VALERIA, Germar.

Antennes tantôt filiformes dans les deux sexes, tantôt

garnies de lames recourbées, pubescentes, très fortes surtout dans les mâles. Palpes courts, velus, à dernier article court, mais distinct. Thorax arrondi, laineux. Abdomen épais, crêté dans les deux sexes, velu et caréné dans les mâles, gros et obtus dans les femelles. Ailes dentées, à frange longue ; supérieures épaisses, squammeuses, à lignes et taches distinctes ; inférieures peu développées, à dessins fortement marqués en dessous. Chenilles atténuées postérieurement, ayant les trois premiers anneaux très renflés et débordant la tête, qui est assez grosse, à trapézoïdaux un peu saillants, munis de poils bien visibles, ceux du onzième anneau relevés en caroncules saillantes et coniques ; vivant à découvert sur les abrisseaux.

OLEAGINA, S. V., Dup., Gn.

42m. Cette espèce et la suivante sont très voisines l'une de l'autre, mais très distinctes. Ailes supérieures d'un gris noir, avec les nervures et l'espace terminal largement saupoudrés de vert doré brillant ; les lignes sont peu visibles ; la subterminale est très dentée et légèrement éclairée de blanc par en bas ; les taches ordinaires sont très distinctes, blanches ; la réniforme grande, ovale ; l'orbiculaire plus petite, salie de brun. Ailes inférieures d'un blanc un peu jaunâtre, avec une bordure noirâtre, vague, divisée par une ligne claire et surmontée d'une ligne de points noirs. — ♀ semblable à antennes moins ciliées. La chenille vit en mai et juin sur le prunellier (*Prunus spinosa*.) Le papillon éclôt en mars et avril ; il habite l'Autriche et l'Angleterre, et n'a encore été trouvé en France que par M. de Peyerimhoff, à Saverne (*Bas-Rhin.*)

JASPIDEA, Villiers, Donzel, Dup. (pl. 40, fig. 3.)

42[m]. Ailes supérieures arrondies au bord terminal, dentées, d'un gris enfumé, avec les principales nervures et l'espace terminal d'un vert chatoyant. Lignes médianes assez bien indiquées, grisâtres, ondulées, bordées de brun des deux côtés ; subterminale, dentée blanche à sa partie inférieure où elle forme une dent très saillante. Tache orbiculaire presque ronde, brune, entourée d'un liseré blanc ; *réniforme carrée, blanche, avec le milieu brun, coupé perpendiculairement par un trait arqué blanc.* Frange d'un gris brun entrecoupée de traits jaunâtres, précédée d'une série de taches triangulaires, noires. Ailes inférieures d'un blanc jaunâtre ou roussâtre, avec le bord terminal enfumé, une ligne flexueuse médiane et un point cellulaire bruns. Frange d'un brun roussâtre, précédée d'une ligne dentée, jaunâtre. — ♀ semblable.

La chenille vit sur le prunellier en mai, juin et juillet, selon les localités ; elle n'est pas rare, selon M. Guillemot, dans les environs de Thiers (Puy-de-Dôme), mais elle est souvent ichneumonée et très délicate à élever. Elle se chrysalide assez profondément en terre, dans une coque de terre et de soie. Le papillon éclôt en mars et avril de l'année suivante. Environs de Lyon et de Besançon, Auvergne, *Guillemot ;*

Pyrénées-Orientales, *de Graslin* : Indre, *Maurice Sand* : Charente, *Delamain*; Saône-et-Loire, *Constant*. Toujours rare.

Genre MISELIA, Stph.

Antennes variables, épaissies dans les mâles. Palpes droits à deuxième article large, velu, à troisième très court, obtus. Spiritrompe moyenne. Toupet frontal dense, divisé en trois touffes superposées et formant une saillie un peu bifide entre les antennes. Thorax court, carré, velu. Abdomen crêté dans les deux sexes, grêle dans les mâles, très volumineux et arrondi dans les femelles. Ailes épaisses, dentées, à taches ordinaires grandes, disposées en toit dans le repos. Chenilles allongées, convexes en dessus, très aplaties et marquées de taches noires en dessous. Tête grosse, aplatie en devant ; trapézoïdaux du onzième anneau formant quatre élévations pyramidales, vivant sur les arbres. Chrysalides molles, renfermées dans des coques ovoïdes très épaisses, formées de terre et de soie.

OXYACANTHÆ, L., Dup., Gn.

40mm. Ailes supérieures dentées, d'un fauve varié de brun et de noiratre, avec l'espace subterminal plus clair et plusieurs taches d'un vert doré, savoir : à la côte, sur les nervures principales, au bord terminal et au bord interne où cette couleur occupe un espace assez large. Ligne extrabasilaire fine, noire, formant deux courbes, traversée dans son milieu par un trait basilaire, noir, de manière à former un arc avec sa flèche ; coudée visible seulement au bord interne où elle se termine par un trait blanc ; subterminale vague, ondée, claire, précédée d'atomes bruns isolés. Taches ordinaires grandes, très rapprochées, plus pâles que le fond, liserées de noir. Angle interne ayant trois traits noirs entre les nervures. Ailes inférieures d'un gris roussâtre, clair, avec un trait blanc vers l'angle anal, et une fine ligne médiane formant un angle en dessus. — ♀ semblable.

La chenille vit en mai et juin sur le prunellier et l'aubépine, on se la procure abondamment en battant les branches dans le parapluie ; elle s'élève facilement. Le papillon éclôt en septembre, octobre et novembre ; il est commun partout.

Bimaculosa, L., Dup. (pl. 40, fig. 4.)

47m. Cette espèce ressemble beaucoup à la précédente pour les dessins, mais ses ailes supérieures sont d'un gris roussâtre clair, marbré de brun dans l'espace médian, avec les nervures marquées par des lignes noires interrompues. Lignes médianes d'un gris clair ; l'extrabasilaire anguleuse, bordée de noir intérieurement, surtout dans son milieu ; coudée peu indiquée, excepté à sa partie inférieure, où l'on remarque un trait horizontal noirâtre et un autre trait plus court, au-dessus. Taches ordinaires grandes, presque rondes, plus claires que le fond, légèrement bordées de brun ; la réniforme appuyée sur un trait noir, interrompu. Ligne basilaire moins bien marquée que chez *Oxyacanthæ*. Frange concolore, doublement festonnée, précédée d'un liseré noir, également festonné.

Ailes inférieures grises, avec les nervures brunes, et deux taches assez grandes sur chacune d'elles, l'une sur le disque et l'autre au bord marginal. Ces deux taches feront toujours facilement reconnaître cette espèce.

La chenille vit en mai et juin sur l'orme *(ulmus campestris)*. Papillon en juillet et septembre ; beaucoup moins commun que *Oxyacanthæ;* Fontainebleau, Indre, assez commun, *Maurice Sand;* Charente, rare, *Delamain;* Aube, *Jourdheuille.*

Genre CHARIPTERA, Gn.

Antennes simples dans les deux sexes, un peu plus épaisses dans le mâle. Palpes courts, velus, à dernier article court et arrondi, spiritrompe grêle. Thorax carré. Abdomen crêté dans les deux sexes. Pattes annelées de blanc. Ailes supérieures épaisses, variées de blanc, à lignes très distinctes, à frange entrecoupée. Chenilles épaisses, renflées en dessus, aplaties en dessous, atténuées aux extrémités, à tête assez grosse, avec deux tubercules coniques sur chacun des trois derniers anneaux. Elles vivent à découvert sur les arbres et se tiennent cachées entre les écorces pendant le jour. Chrysalides renfermées dans des coques de terre solides.

Culta, S.V. Dup., Gn. (pl. 40, fig. 5.)

40m. Ailes supérieures d'un brun clair, avec la côte et les nervures d'un blanc bleuâtre entrecoupé de noir. Lignes médianes noires, très brisées, liserées de blanc ;

la subterminale interrompue, éclairée d'atomes d'un blanc bleuâtre. Taches ordinaires noires évidées ; la claviforme linéaire ; toutes ces taches largement bordées de blanc ; l'orbiculaire et la claviforme renfermées dans la même tache blanche. Une tache noire entre les deux taches médianes et une autre à la suite de la claviforme. Frange blanche, entrecoupée de lignes noires, festonnées. Ailes inférieures d'un blanc nacré, avec un liseré terminal et trois petites taches noires vers l'angle anal. — ♀ semblable, mais à ailes inférieures, salies de noirâtre au bord marginal, avec l'extrémité des nervures et une ligne médiane noirâtre.

La chenille vit en août et septembre sur le prunellier et l'aubépine. Le papillon éclôt en juin et juillet ; peut-être a-t-il deux générations, car M. de Peyerimhoff l'a pris en avril. Assez commun dans l'Indre, *Maurice Sand ;* Saverne (Bas-Rhin), rare ; Puy-de-Dôme, *Guillemot*, rare ; Saône-et-Loire, *Constant*, rare. Cette belle espèce se trouve aussi, dit-on, dans d'autres localités de la France centrale, mais nous ne pouvons pas les préciser.

Genre AGRIOPIS, Bdv.

Antennes pubescentes, plus épaisses dans le mâle, avec une touffe de poils à leur base dans les deux sexes. Palpes droits, à deuxième article large, velu, bicolore, le troisième long, fusiforme. Spiritrompe grêle. Thorax épais, carré, à collier et ptérygodes bien distincts. Abdomen à crêtes peu saillantes. Ailes épaisses à lignes et taches très bien écrites. Chenille lisse, rase, épaisse, à tête globuleuse, à dessins bien marqués, vivant sur les arbres. Chrysalide enterrée assez profondément.

APRILINA, L., Dup., Gn. (pl. 40, fig. 6.)

46m. Ailes supérieures d'un beau vert pomme, avec l'espace subterminal et les deux taches ordinaires d'un vert blanchâtre. Ces deux taches grandes, bien marquées, bordées de noir ; la claviforme ouverte par en haut. Lignes dentées, épaisses, formées de taches en croissant, d'un noir vif, éclairées en blanc. Ombre médiane maculaire, d'un noir foncé. Frange blanche, finement entrecoupée et précédée d'une série de traits sagittés noirs. Ailes inférieures noirâtres, avec une bordure marginale, blanche, teintée de vert, et une série terminale de lunules noires. — ♀ semblable.

La chenille vit en mai sur le chêne. Pendant le jour, elle se tient cachée entre les rides des écorces, avec lesquelles elle se confond par sa couleur ; il faut alors un œil assez exercé pour la découvrir. Elle est quelquefois très commune, mais on ne réussit pas toujours à l'élever. Le papillon éclôt en septembre et octobre, cependant Bruand a obtenu deux éclosions au printemps suivant, ce qui nous fait supposer qu'en Suède, où l'hiver arrive de bonne heure, les éclosions n'ont lieu qu'au mois d'avril, ce qui justifierait le nom donné par Linné à cette belle noctuelle, dont malheureusement les couleurs passent vite. Assez commune sur le tronc des arbres.

Genre PHLOGOPHORA, Och.

(HABRYNTIS, Led.)

Antennes moniliformes et pubescentes dans les mâles, filiformes dans les femelles. Palpes plus ou moins ascendants, de formes variées. Thorax carré, velu, à collier caréné. Spiritrompe longue. Abdomen long, caréné, velu latéralement, terminé dans les mâles par un bouquet de poils élargis. Ailes supérieures dentées, oblongues, avec les deux lignes médianes disposées en trapèze très rétréci du bas ; en toit fort incliné dans le repos, et même plissées, ce qui donne au papillon une forme très allongée. Chenilles cylindriques, rases, veloutées, à tête globuleuse, marquées sur la région dorsale de chevrons ou lozanges nébuleux ; vivant de plantes basses et se cachant sous les feuilles pendant le jour. Chrysalides enterrées peu profondément.

SCITA, Hb., Dup. (pl. 40, fig. 7.)

38 à 42m. Ailes supérieures d'un beau vert pomme, avec l'espace médian d'un vert plus foncé, surtout depuis la nervure médiane jusqu'au bord interne. Lignes médianes presque droites, d'un jaune pâle, subterminale obscure, ayant un point noir vers l'angle apical. Taches ordinaires, obliques, se touchant à leur base, de manière à former un V dans l'intervalle qui les sépare ; orbiculaire pâle ; réniforme vert foncé, bordée d'un trait noir extérieurement. Frange jaunâtre légèrement découpée. Ailes inférieures d'un jaune orangé

pâle, plus clair à la base, avec une bordure et une raie parallèle d'un verdâtre clair. — ♀ semblable, mais d'un vert un peu plus jaunâtre. La couleur verte de cette belle espèce passe d'ailleurs très vite.

La chenille vit, selon la plupart des auteurs, sur la violette et le fraisier des bois ; mais Bruand l'a trouvée sur le sapin, et l'a très bien nourrie avec les feuilles de cet arbre. On la trouve en juin et le papillon éclôt en juillet ; il est rare en France, et n'a encore été trouvé, à notre connaissance, que dans les localités suivantes : Alsace, vallée de Munster et Sainte-Marie-aux-Mines, *Ortlieb* et *de Peyerimhoff ;* Mont-Dore (Puy-de-Dôme), *Guillemot ;* Mont-d'Or (Jura), *Bruand*. Rare.

(Brotolomia, Led.)

Meticulosa, L., Dup., Gn.

46m. Ailes supérieures très dentées et très échancrées dans la seconde moitié du bord externe, d'un jaune d'ocre pâle nuancé de rosé et de vert olive, avec l'espace médian occupé presque en entier par une tache d'un vert olive foncé, formant un triangle à bords un peu sinués, renfermant les taches ordinaires, l'orbiculaire rosée, la réniforme verte, limitant la tache triangulaire et laissant clair un coude aigu de la coudée. Subterminale vague, olivâtre, marquée d'un trait noir à sa partie supérieure. Base de l'aile mi-partie d'olive et de rosé, avec la demi-ligne géminée et un petit point noir. Ailes inférieures d'un ocracé pâle, teintées de rosé au bord marginal, avec un trait cellulaire et deux lignes parallèles obscurs. Thorax à collier très caréné. — ♀ semblable.

La chenille est veloutée, d'un beau vert ou d'un brun clair, avec la ligne vasculaire très fine et blanche. Elle vit sur une foule de plantes basses, dans les champs et les jardins, pendant presque toute l'année. Le papillon éclôt depuis le mois de mai jusqu'en octobre. Commun partout.

(TRIGONOPHRA, Hb.)

FLAMMEA, Esp., *Empyrea*, Hb., Dup., Gn.

44m. Ailes supérieures allongées, d'un violet foncé, à reflets pourprés, avec l'espace subterminal concolor et le bord interne d'un blanc jaunâtre. Lignes médianes un peu plus claires que le fond ; l'extrabasilaire presque droite ; la coudée peu dentée, formant un angle très aigu à sa partie supérieure ; la subterminale ondulée, suivie d'une ombre noirâtre. Espace médian ayant dans l'angle formé par la coudée une grande tache d'un brun noir velouté, sur laquelle la tache réniforme se dessine nettement en blanchâtre, aiguë à ses extrémités, l'inférieure formant un crochet intérieurement ; orbiculaire concolore, peu apparente ; claviforme grande, noire, se liant par son extrémité à une autre tache noire, qui s'appuie sur la ligne coudée. Un gros trait noir à la base de l'aile, au-dessus de la bande jaunâtre. Ailes inférieures d'un gris noir uni. — ♀ semblable.

La chenille passe l'hiver très petite et parvient à toute sa taille au mois de mai ; elle vit sur plusieurs plantes basses, telles que renoncule ficaire, ortie, oseille ; M. Guillemot l'a souvent trouvée sur les genêts. Le papillon éclôt en septembre et octobre ; il se prend facilement à la miellée. France centrale et occidentale, commun dans l'Indre, *Maurice Sand*, et à Rennes, *Oberthur ;* plus rare dans la Charente, *Delamain ;* dans la Gironde, *Trimoulet ;* Auvergne, *Guillemot ;* Landes, Pyrénées-Orientales ; Châteaudun, *Guenée.* Les beaux exemplaires sont toujours rares.

JODEA, Gn.

43[m]. Cette espèce a été pendant longtemps considérée comme une variété de la précédente, à laquelle elle ressemble beaucoup ; mais elle en a été séparée par M. Guenée. Elle diffère de *Flammea* par sa taille plus petite, sa couleur plus claire, *avec le bord interne concolore, et les deux taches ordinaires, qui sont seulement un peu plus claires que le fond ;* l'orbiculaire grande et tranchée ; la réniforme oblongue et un peu étranglée. Tache claviforme grande, en coin arrondi, noirâtre, se liant parfois avec une tache bilobée qui lui fait face. Ligne coudée très dentée et formant un angle aigu à sa partie supérieure, comme chez *Flammea.* Un gros trait noirâtre à la base de l'aile sous la sous-médiane. *Ailes inférieures d'un blanc rosé, avec les traces d'une lunule cellulaire et deux lignes noirâtres.* — ♀ semblable, mais avec les ailes inférieures plus salies de noirâtre.

La chenille vit en avril et mai sur le prunellier et les genêts. Le papillon éclôt en août et septembre. Il se trouve dans les mêmes localités que *Flammea* ; commun dans l'Indre, *Maurice Sand* ; Saône-et-Loire, *Constant* ; Auvergne, Sarthe, Pyrénées-Orientales, etc.

Genre EUPLEXIA, Stph.

Ce genre, qui ne se compose que d'une seule espèce, se distingue des *Phlogophora* par le thorax fortement squammeux, par les crêtes de l'abdomen et la ciliation des antennes. La chenille est aussi très voisine de celles du genre précédent, mais elle est plus renflée postérieurement, avec la tête proportionnellement plus petite ; elle est polyphage, mais on la trouve aussi sur quelques plantes ligneuses.

LUCIPARA, L., Dup., Gn. (pl. 40, fig. 8.)

31m. Ailes supérieures d'un brun violet, avec des reflets lilas, et l'espace subterminal d'un jaune rougeâtre, plus clair dans le haut, traversé par une ligne fine, parallèle à la coudée ; espace médian plus foncé, découpant la tache réniforme, qui est d'un jaune clair, oblongue, et salie de brun clair dans son milieu ; orbiculaire grande, concolore, ouverte aux deux bouts. Espace basilaire varié de taches et de linéaments noirs. Ligne subterminale claire, fine, tremblée, formant vaguement un ≊ dans son milieu. Ailes inférieures d'un blanc grisâtre, avec les nervures, une lunule cellulaire et le bord largement noirâtres. Ce bord coupé par une ligne sinuée de la couleur du fond. Trait noir de la quatrième nervure inférieure finissant en crochet. — ♀ semblable.

La chenille ressemble à celle de *Meticulosa*, sauf les caractères indiqués plus haut ; elle vit en septembre et octobre dans les endroits ombragés des bois, sur différentes plantes et arbustes, tels que ronce, oseille, vipérine, buglosse, laitue, etc. Le papillon éclôt depuis le mois d'avril jusqu'au mois d'août. Assez commun partout.

Genre POLYPHÆNIS, Bdv.

Antennes moyennes, pubescentes dans les mâles, filiformes dans les femelles. Palpes grêles, tendant à se rapprocher au sommet. Spiritrompe courte et grêle. Thorax subcarré, court, muni à sa base de deux touffes d'écailles aigrettées. Abdomen crêté dans les deux sexes. Ailes supérieures dentées, épaisses, à lignes distinctes, inférieures fauves, bordées de noir ou de brun. Chenilles longues, molles, rases, cylindriques, un peu atténuées postérieurement ; vivant sur les arbrisseaux et se cachant au pied pendant le jour. Chrysalides enterrées.

Sericata. Lang. *Sericina*, Esp., Gn., *Prospicua*, Bkh., Dup. (pl. 40, fig. 9.)

40m. Ailes supérieures d'un joli vert d'herbe, avec quelques nuances de vert olive, et la partie supérieure de l'espace médian d'un vert plus clair et saupoudré de blanchâtre. Lignes médianes blanches, liserées de noir ; l'extrabasilaire largement ondée par en bas ; coudée très dentée, à dents prolongées en pointes noires. Taches ordinaires plus ou moins visibles, souvent perdues dans le vert blanchâtre. Ligne subterminale réduite à des points blancs sur les nervules noires. Ailes inférieures d'un jaune fauve ou orangé, avec les nervures et un trait cellulaire plus foncés, une large bande terminale noire, surmontée d'une ligne à peine marquée. — ♀ semblable, quelquefois d'un vert plus clair.

La chenille vit en avril sur les chèvrefeuilles, elle ne mange que la nuit. Le papillon éclôt en juin et juillet. France centrale et méridionale ; jamais très commun.

VAR. *Prospicua*, Bkh., Gn.

D'un vert olive sale, obscur et plus mélangé de gris que de blanc. Ligne coudée n'étant d'un blanc pur que dans le bas. Tache claviforme grande, bien visible, d'un olive noirâtre, toujours placée sur un espace foncé. Assez commune en juillet dans l'Indre, *Maurice Sand*.

Genre APLECTA, Gn.

Antennes simples et moniliformes, pubescentes, à cils inégaux dans les mâles. Palpes ascendants, le deuxième article velu, large au sommet, le troisième squammeux et court. Thorax carré, velu, doublement crêté. Abdomen long, velu, déprimé, surtout dans les mâles, le dernier anneau terminé en pointe obtuse. Ailes subdentées, les supérieures épaisses, oblongues, avec les taches grandes et distinctes, et les lignes nettes, dentées ; disposées en toit dans le repos. Chenilles cylindriques, longues, épaisses, rases, de couleurs sombres, généralement marquées de chevrons ou lozanges dorsaux ; vivant de plantes basses, sous lesquelles elles se cachent pendant le jour. Chrysalides enterrées.

Les *Aplecta* sont des papillons de grande taille ; ils sont remarquables par la grandeur de leurs taches ordinaires et par la forme oblongue de leurs ailes ; ils habitent généralement les pays froids.

HERBIDA, S.V., Dup. (pl. 40, fig. 10.)

50m. Ailes supérieures d'un vert d'herbe plus ou moins nuancé de vert clair et de brun, surtout dans l'espace médian, qui est quelquefois rempli de cette dernière couleur. Lignes médianes en zigzags, d'un vert clair, bordées de noir des deux côtés ; la coudée suivie d'une série de points blancs. Subterminale plus vague, terminée à l'angle apical par une tache oblique noirâtre, ayant souvent, en outre, deux traits triangulaires noirs à son tiers supérieur ; demi-ligne bien marquée, d'un vert clair, bordée de noir. Taches grandes, cerclées de noir, la réniforme brune dans son milieu, appuyée extérieurement contre une grande éclaircie d'un blanc verdâtre, qui s'étend jusqu'à la coudée ; claviforme concolore, étroite, allongée, bordée de noir. Tête et collier verts, ce dernier bordé de blanc. Frange d'un gris verdâtre, festonnée et séparée du bord terminal par un liseré noir également festonné, mais en sens contraire. Ailes inférieures d'un gris noirâtre, avec la frange d'un blanc jaunâtre. — ♀ semblable.

La chenille éclôt en automne, passe l'hiver engourdic, et parvient à toute sa taille vers la fin d'avril ; elle vit dans les clairières humides des bois, sur différentes plantes basses ; raifort, primevère, cynoglosse, etc., M. Constant l'a trouvée sur le chèvrefeuille. C'est dans les feuilles sèches qu'il faut la chercher en mars et avril. Elle était autrefois très commune aux environs de Paris, mais elle y est devenue très rare. Papillon en juin et juillet, se prend rarement. Nord et centre de la France.

NEBULOSA, Hufn., *Plebeja*, Hb., Dup.

50 à 55^m. Ailes supérieures dentées, oblongues, d'un blanc cendré saupoudré d'atomes gris ou jaunâtres, avec les lignes médianes larges, geminées, dentées, plus ou moins bien marquées. La subterminale vague, dentée, bordée de quelques taches en chevrons, noirs. Taches ordinaires très grandes, bien écrites, cerclées de noir ; l'orbiculaire irrégulière et un peu oblique ; la réniforme avec un anneau concentrique, gris ; la claviforme grosse et courte. Ombre médiane fine, brune, bien écrite surtout entre les deux taches qu'elle joint par un chevron. Frange précédée d'une ligne d'arcs terminaux, noirs. Ailes inférieures d'un gris sale un peu plus obscur au bord terminal. Abdomen avec quatre crêtes noires. — ♀ semblable.

La chenille a les mêmes mœurs que celle de *Herbida* ; elle vit de plusieurs plantes basses, principalement d'oseille et de primevère. Le papillon éclôt en juin et juillet. Presque toute la France ; se prend souvent contre le tronc des arbres. Pas rare.

SPECIOSA, Hb., Dup., Gn.

42m. Ailes supérieures non dentées, d'un gris blanc saupoudré d'atomes noirâtres, et le disque un peu ocracé. Lignes noires très tranchées ; la demi-ligne croisée par un trait basilaire épais ; ligne extrabasilaire interrompue ; coudée, régulièrement dentée ; subterminale vague, accusée par des taches noires, cunéiformes, dont deux ou trois réunies, formant un trait oblique vers l'angle apical ; deux vers le milieu de la ligne ; deux autres vers l'angle interne et plusieurs autres plus petites. Taches ordinaires grandes, concolores, bordées de noir ; réniforme un peu salie dans son milieu ; claviforme assez grande, allongée, concolore et cerclée de noir. Frange peu entrecoupée, précédée d'une série de points terminaux noirs se liant avec l'entrecoupé de la frange. Ailes inférieures d'un blanc jaunâtre avec une grosse lunule, une ligne et une ombre subterminale, noirâtres. Abdomen non crêté. Thorax ocracé, mêlé de noir. — ♀ semblable.

Chenille inconnue. Papillon en juillet ; Vosges, Auvergne, *Guillemot ;* Chamouny, Basses-Alpes. Les individus de ces deux dernières localités sont d'une couleur moins foncée que ceux que nous avons vus dans les collections de Strasbourg, et qui viennent des Vosges. Très rare.

TINCTA, Brahm, Dup., Gn.

45 à 50m. Ailes supérieures un peu aiguës à l'angle apical, dentées, d'un gris verdâtre ou bleuâtre, avec la côte, l'espace médian et l'espace terminal d'un

brun rougeâtre ou violâtre. Lignes médianes plus claires que le fond, larges, bordées des deux côtés par une ligne brune ; la coudée festonnée, suivie de deux rangées de petits points bruns, placés sur les nervures à l'extrémité de chaque dentelure ; subterminale anguleuse, bordée de brun, cette bordure formant intérieurement deux traits plus épais, le premier, vers le tiers supérieur de la ligne, le second plus grand, à l'angle interne. Taches ordinaires bien marquées, de forme régulière, l'orbiculaire d'un gris verdâtre ; la réniforme d'un brun rougeâtre ; ces deux taches bordées de clair et d'un filet noir. Claviforme d'un brun rougeâtre, assez grande, bordée de noir, s'appuyant sur un trait noir, épais. Frange légèrement entrecoupée, précédée d'une ligne festonnée, noire. Thorax d'un brun rougeâtre. Tête et collier d'un gris jaunâtre. Ailes inférieures d'un gris roussâtre, avec une lunule centrale brune, peu marquée. — ♀ semblable.

La chenille passe l'hiver et parvient à toute sa taille au mois d'avril ; elle vit de plantes basses, et principalement de bugrane. Papillon en juin et juillet. Paris, Compiègne, Indre, *Maurice Sand ;* Aube, *Jourdheuille ;* Pontarlier, *Bruand ;* Autun, *Constant ;* Alpes, Nord de la France. Assez rare partout.

ADVENA, S V., Hb., Dup.

45 à 50mm. Très voisine de *Tincta* pour la taille et pour les dessins. Ailes supérieures d'un rougeâtre ferrugineux, avec l'espace subterminal et le bord interne,

d'un gris bleuâtre clair ; ces deux nuances fondues. Lignes médianes plus ou moins bien écrites, d'un gris bleuâtre, bordées de brun rouge ; la coudée festonnée, suivie de points noirs sur les nervures, comme chez *Tincta ;* subterminale bordée intérieurement d'une ligne brune, plus épaisse dans son milieu et au bord interne, où elle forme un angle aigu. Tache réniforme brune, bordée de blanc et de noir, surtout à sa base ; orbiculaire et claviforme peu apparentes ; la dernière très petite. Frange jaunâtre, festonnée et précédée par un liseré noir. Ailes inférieures d'un gris jaunâtre teinté de brun au bord marginal ; frange blanchâtre. Tête et thorax d'un gris rougeâtre, avec une crête bifurquée dans le milieu de celui-ci. Abdomen crêté sur les quatre premiers anneaux dans le mâle, lisse dans la femelle qui est semblable pour le reste.

La chenille hiverne et arrive à toute sa taille en avril. Selon Treitschke, elle vit en société sur la laitue et le pissenlit ; M. Constant l'a trouvée quelquefois assez communément sur les genêts. Papillon en juin et juillet ; Indre, *Maurice Sand ;* Autun, *Constant ;* Haut-Rhin, *Michel ;* Pontarlier, *Bruand ;* Basses-Alpes. Peu commun.

Genre HADENA, Och.

Antennes pubescentes, rarement pectinées dans les mâles. Palpes droits, velus, dépassant peu ou point la tête, le deuxième article recourbé, le troisième très court, tronqué au sommet. Thorax carré, convexe, velu, avec le collier court, un peu relevé et suivi d'une crête bifide. Abdomen souvent crêté, terminé carrément dans les mâles, robuste et terminé en pointe obtuse dans les femelles. Ailes supérieures épaisses, dentées, un peu étroites, à taches bien distinctes, offrant souvent sous la réniforme une tache bidentée plus claire que le fond ; ligne subterminale distincte, anguleuse, formant dans son milieu un ≅ bien visible. Chenilles rases, cylindriques, à tête globuleuse, de couleurs assez vives, vivant sur les arbres ou les plantes basses. Chrysalides enterrées.

Satura, S.V., Dup.

45^{m}. Ailes supérieures d'un brun foncé glacé de violâtre, et marbré de taches noires. Lignes médianes peu marquées, ondulées, d'un rougeâtre clair, bordées de noir ; subterminale mieux écrite, très dentelée, accompagnée d'une série de taches cunéiformes d'un brun noir. Taches ordinaires d'un rougeâtre clair ; l'orbiculaire oblique, la réniforme assez grande, irrégulière, ces deux taches plus ou moins remplies de brun dans leur milieu ; claviforme petite, concolore, bordée de noir, s'appuyant sur un gros trait horizontal noir, qui traverse l'espace médian. On remarque, en outre, vers le bord interne, entre l'extrabasilaire et la coudée, une éclaircie ou tache rougeâtre, plus ou moins grande. Frange concolore, légèrement dentée et entrecoupée de rougeâtre clair. Ailes inférieures d'un gris roussâtre, avec le bord marginal et la frange plus claire. — ♀ semblable.

Selon Hubner, la chenille vit sur le chèvrefeuille

des Alpes (*Lonicera alpigena*). Papillon en août et septembre. Alpes; Savoie, *Fallou;* Indre, *Maurice Sand;* Autun, *Constant;* Auvergne, *Guillemot;* se prend quelquefois à la miellée, Assez rare.

ADUSTA, Esp., Dup.

42^{m}. Très voisine de la précédente pour la couleur et les dessins. Ailes supérieures d'un brun violâtre, avec l'espace subterminal plus roussâtre. Lignes mieux écrites, jaunâtres, bordées de brun foncé. Taches ordinaires concolores, plus ou moins cerclées de blanc, surtout la réniforme. Claviforme concolore, grande, bordée de noir, appuyée sur un trait horizontal noir, comme chez *Satura.* Frange brune, entrecoupée de jaune et légèrement festonnée. *Ailes inférieures d'un blanc sale, avec les nervures, un point discoïdal et le bord terminal lavés de brun.* — ♀ semblable.

La chenille hiverne et vit sur différentes plantes basses. Le papillon éclôt en mai, juin et juillet. Vosges, *de Peyerimhoff;* Puy-de-Dôme; Gironde, *Trimoulet.* Assez rare.

SOLIERI, Bdv., Dup.

41^{m}. Ailes supérieures d'un brun testacé uni, avec l'espace terminal plus foncé, et l'espace subterminal traversé par des traits allongés, noirs ou bruns, placés entre les nervures; ces traits coupés par des points d'un gris clair, qui dessinent la subterminale; cette ligne peu distincte, ne formant point le ≅. *Lignes médianes anguleuses concolores, bordées de brun, très rapprochées par en bas, se touchant quelquefois de manière à former un X*. Taches ordinaires plus ou moins bien marquées, la réniforme bordée extérieurement par des points blancs ; l'orbiculaire cerclée de noir. Frange concolore, entrecoupée de gris rougeâtre clair et légèrement festonnée. Ailes inférieures plus blanches et plus mates que chez *Adusta*, à bordure brune, interrompue. Frange précédée d'un liseré noirâtre. — ♀ semblable, mais avec les ailes inférieures entièrement lavées de brun.

La chenille hiverne et parvient à toute sa taille en janvier ; elle vit de plusieurs plantes basses, et surtout de plantes potagères pour lesquelles elle est un vrai fléau ; elle se chrysalide profondément en terre dans une coque solide formée de soie et de grains de sable. Papillon en septembre ; très commun aux environs de Marseille et d'Hyères.

Occlusa, Hb., *Didymoides*, Dup.

29ᵐᵐ. Ailes supérieures d'un brun foncé, luisant, nuancé de ferrugineux, avec les lignes médianes peu marquées, noirâtres, géminées, ainsi que la demi-ligne ; subterminale dentée, fine, fauve, bordée de petites taches noires, ne formant point le ≥. Tache réniforme d'un fauve chamois ; orbiculaire concolore, souvent peu écrite ; claviforme noire. Frange brune avec une série de points jaunâtres, et légèrement festonnée. Ailes inférieures d'un gris obscur, avec une ligne transverse peu visible. — ♀ semblable.

Variété à tache réniforme blanche.

La chenille vit en mai sur plusieurs espèces de chênes (*Quercus ilex* et *suber*), ordinairement de la fleur du chêne vert ; elle se chrysalide en terre, dans une coque solide, formée de soie et de terre ; elle reste trois mois dans cette coque avant de s'y chrysalider. Le papillon éclôt depuis la fin d'octobre jusqu'en décembre. Provence ; Aube, *Jourdheuille ;* Charente, *Delamain ;* Pyrénées-Orientales, *de Graslin ;* Doubs, *Bruand ;* ouest de la France ; île de Noirmoutier, *Guenée*. Assez commun.

Roboris, Bdv., Dup., Gn.

30m. Ailes supérieures d'un vert plus ou moins foncé, depuis la base jusqu'à la ligne coudée, et d'un blanc légèrement verdâtre dans le reste de leur étendue. Espace médian d'un vert brunâtre, teinté de rougeâtre. Lignes médianes géminées, noirâtres ; l'extrabasilaire légèrement arquée ; la coudée dentelée, se rapprochant de l'extrabasilaire vers le bord interne ; subterminale ondulée, d'un vert brunâtre, souvent nulle, terminée à l'angle interne par un gros point d'un brun noirâtre. Tache réniforme lavée de rougeâtre ; orbiculaire d'un vert clair, avec son milieu taché de vert foncé, se réunissant par sa base à une tache de même couleur en forme de dent ; cette tache appuyée intérieurement contre la claviforme qui est ferrugineuse, bordée de noir. Frange d'un vert brunâtre, doublement festonnée, précédée d'une série de petites taches triangulaires noires. Ailes inférieures grises, avec une raie marginale plus claire. — ♀ semblable à ailes inférieures plus foncées.

La chenille vit en mai et juin sur le chêne. Papillon en octobre ; assez commun dans la France centrale et occidentale, ainsi que dans la Charente, *Delamain ;* Indre, *Maurice Sand ;* Collioure, *de Graslin ;* Auvergne, *Guillemot ;* Gironde, *Trimoulet ;* Aube, *Jourdheuille ;* Châteaudun, Loire-inférieure, *Guenée.*

VAR. *Cerris*, Bdv., Gn.

Un peu plus petite. La couleur verte remplacée par du gris-cendré, qui fait ressortir la teinte ferrugineuse pâle qui lave les taches réniforme et claviforme. France méridionale ; Charente.

MONOCHROMA, Esp. Gn., *Distans*, Hb., Dup. *Suberis*, Bdv., Dup.

35mm. Ailes supérieures d'un gris cendré, souvent blanchâtre, avec tous les dessins très confus ; ligne extrabasilaire peu ondulée ; coudée très brisée, se rapprochant de l'extrabasilaire vers le bord interne ; subterminale géminée, dentée, toutes ces lignes brunes, ainsi que le trait basilaire. Taches ordinairement concolores, peu marquées, bordées de traits bruns ; claviforme brune, bordée de noir, appuyée sur un trait horizontal noir, joignant les deux lignes médianes. Frange dentée, précédée d'une série de taches triangulaires, noires. Ailes inférieures grisâtres, plus claires vers la base. — ♀ d'un gris obscur plus ou moins foncé, avec l'espace subterminal plus clair, surtout vers le bord interne, et tous les dessins mieux marqués en gris cendré.

La chenille vit en mai sur le chêne vert et le chêne

liège ; elle est commune, ainsi que le papillon, en août et septembre, en Provence, dans les départements des Landes et des Pyrénées-Orientales.

SAPORTÆ, Dup., Bdv., Gn.

35m. Ailes supérieures d'un brun luisant, avec les espaces médian et terminal d'un brun noir. Lignes médianes plus claires que le fond ; l'extrabasilaire festonnée ; la coudée dentée, arrondie par en haut, et en ligne presque droite depuis la nervure médiane jusqu'au bord interne, où elle se rapproche beaucoup de l'extrabasilaire ; la subterminale sinueuse, plus claire vers l'angle apical et formant un petit ≥ dans son milieu. Taches ordinaires brunes, bordées de gris clair ; l'orbiculaire placée sur une bande oblique claire, de même largeur qu'elle, partant de la côte et se terminant par deux dents, dont une s'appuie sur un trait noir, épais, horizontal, reliant l'extrabasilaire à la coudée. Frange concolore, festonnée, coupée de points gris. Ailes inférieures d'un blanc grisâtre, avec les nervures, le bord terminal, une lunule discoïdale et une ligne médiane, noirâtres. — ♀ semblable.

La chenille vit en juin sur le chêne vert, *Quercus ilex*. Papillon en octobre et novembre. Provence, ouest de la France. Pas rare.

PROTEA, S.V., Dup., Gn.

35m. Très variable pour la couleur. Ailes supérieures d'un vert plus ou moins foncé, marbré de taches noires, ce qui rend le dessin très confus ; avec le bord interne, le sommet de l'espace subterminal d'un vert plus clair, souvent grisâtre. Lignes médianes d'un vert clair ou glauque, bordées de noir ; l'extrabasilaire oblique, ondulée ; la coudée festonnée ; ces deux lignes très rapprochées l'une de l'autre par en bas ; subterminale grise ou d'un vert clair, mieux écrite que les deux autres, formant le ≍ couché vers son milieu. Tache réniforme confuse, salie dans son milieu ; orbiculaire oblique, claire ; placée sur une bande oblique de même couleur, se terminant inférieurement par une dent appuyée sur un trait horizontal noir, joignant les deux lignes médianes. Frange festonnée, séparée du bord terminal par de petits points noirs triangulaires. Ailes inférieures grises, brunes au bord marginal qui est longé par une ligne plus claire, un trait cellulaire et une ligne médiane obscurs. — ♀ semblable.

Ainsi que nous l'avons dit, cette espèce varie beaucoup pour la couleur et pour l'intensité des taches et des dessins. Quelques individus sont d'un brun noirâtre, sans aucune trace de vert, avec quelques nuances ferrugineuses sur le disque, et la base et le sommet de l'espace subterminal d'un gris blanchâtre ; tous les dessins très tranchés en clair ; nous possédons un individu d'un jaune d'ocre, nuancé de brun ferrugineux sur le disque et sur l'espace terminal. On trouve tous les passages de l'une à l'autre de ces variétés.

La chenille vit en mai sur le chêne commun ; elle est quelquefois très abondante, mais ne réussit pas toujours bien. Le papillon éclôt en septembre et octobre ; il se prend facilement, en battant les arbres, et n'est rare nulle part.

Æruginea, Hb., Dup.

47m. Ailes supérieures d'un gris violet, avec la base, quelques traces à la côte, les deux taches ordinaires, et une autre tache à l'extrémité de la claviforme, d'un vert bleuâtre, qui blanchit au bout de très peu de temps. Dans les individus fraîchement éclos, cette couleur est celle du vert-de-gris. Lignes médianes peu marquées, fines, noires ; la coudée touchant la tache claviforme, en traversant la tache verdâtre dont nous avons parlé ; subterminale jaunâtre, fine, très brisée, se terminant au bord interne par un angle d'un blanc verdâtre, bordé de noir des deux côtés. Les taches ordinaires sont, en outre, plus ou moins maculées de noir dans leur milieu ; la claviforme est de la couleur du fond, grande et bordée de noir : frange grise, ondulée, avec une double ligne noirâtre dans toute sa longueur. Ailes inférieures blanches, avec le bord terminal, les nervures et un point cellulaire noirâtres. — ♀ semblable, mais avec les ailes inférieures grises.

Selon M. Treitschke, la chenille vit sur le chêne d'Autriche (*Quercus austriaca*), et ne touche pas aux autres espèces de chênes, mais M. Delamain l'a trouvée sur le chêne commun, en mai. Papillon en septembre. Alpes du Dauphiné, Charente, *Delamain*. Très-rare.

Convergens, S.V., Dup., Gn.

36m. Ailes supérieures d'un gris cendré, avec l'espace médian d'un gris brunâtre. Lignes médianes jaunâtres, bordées de noirâtre ; l'extrabasilaire formant plusieurs courbes ; la coudée très ondulée, formant un angle prononcé à sa partie inférieure ; cet angle plus blanchâtre, plus fortement bordé de noir intérieurement, se liant à un trait horizontal noir, qui joint les deux lignes médianes ; subterminale plus claire, formant aussi vers le bord interne, un angle qui se dessine sur une tache moitié noire et moitié fauve ; cette ligne est suivie dans l'espace terminal par de fines lignes noires placées sur les nervures. Espace basilaire teinté de jaunâtre, avec un trait basilaire noir, rameux, surmonté d'un trait blanc. Tache réniforme assez grande, régulière, salie de brunâtre inférieurement ; orbiculaire ovale, oblique, pupillée de brunâtre, s'appuyant inférieurement sur une tache grisâtre, bidentée, ces deux taches séparées par l'ombre médiane. Claviforme concolore, assez grande, bordée de noir. Plusieurs points costaux, gris et bruns. Frange dentée avec des points noirs. Ailes inférieures grises, avec une liture terminale plus claire, une ligne médiane et un point cellulaire obscurs.

Chenille en mai sur le chêne. Papillon en août, septembre et octobre. Nord et centre de la France ; assez commun en Auvergne et dans la Sarthe ; Autun, *Constant* ; Indre, *Maurice Sand*. Peu répandu et généralement assez rare.

Proxima, Hb., Dup., Gn.

35ᵐ. Ailes supérieures d'un gris bleuâtre ou violâtre, avec quelques parties brunes, notamment autour des taches, à la côte, à la partie supérieure de l'espace subterminal, et souvent l'espace terminal tout entier. Toutes les lignes plus ou moins bien indiquées en gris clair. Taches ordinaires bien écrites, concolores, bordées de blanchâtre ; l'orbiculaire en ovale allongé, placée très obliquement ; claviforme brune, longue, s'étendant quelquefois jusqu'à la coudée, bordée de noir. Ombre médiane, brune, séparant les deux taches et descendant jusqu'au bord interne. Trait basilaire noir, surmonté d'un petit trait blanc et de la demi-ligne. Frange doublement festonnée. Ailes inférieures gris cendré, avec un trait cellulaire obscur et un liseré terminal noirâtre. — ♀ semblable.

Chenille inconnue, Papillon en juillet. Hautes et Basses-Alpes ; Mont-Dore-les-Bains, sur les fleurs de gentiane, *Guillemot*. Nous l'avons pris plusieurs fois au crépuscule, à Larche. Assez rare.

MEISSONIERI, Gn.

32ᵐ. Voisine de *Proxima*, dont elle diffère principalement par ses ailes inférieures blanches ; ses ailes supérieures d'un gris cendré, avec un double feston bien net et la frange plus courte ; l'espace médian plus foncé ; les lignes médianes comme chez *Proxima*, mais moins distinctes ; les taches ordinaires concolores, obscurcies au centre ; l'orbiculaire subpyriforme et horizontale, au lieu d'être oblique ; la réniforme plus large et plus arrondie ; la claviforme n'atteignant que la moitié de l'espace entre les deux lignes.

Décrite par M. Guenée, d'après un seul mâle, obtenu d'une chrysalide trouvée à Marseille, par M. Meissonier.

Alpigena, Bdv., Gn.

39^{m}. Ailes supérieures subdentées, à double feston noir, un peu aiguës à l'angle apical, d'un gris testacé mêlé de blanchâtre, plus foncé sur l'espace médian, qui est étroit et comprend les deux taches médianes, concolores, presque égales, rapprochées, cerclées de noir, à centre sombre et ouvertes par en haut ; l'orbiculaire ovale, oblique ; la réniforme régulière, peu creusée et touchant à la ligne coudée qui forme derrière elle un petit triangle foncé, à angle extérieur très aigu. Tache claviforme un peu aiguë, incombante. Ligne subterminale peu visible et croisée par de forts traits noirs qui vont jusqu'au bord terminal. Un trait basilaire noir, un peu épaissi, en accolade, et un autre plus menu tout près du bord interne. Ailes inférieures d'un blanc jaunâtre, avec les nervures épaissies et un liseré terminal d'un brun clair.

Chenille inconnue. Nous empruntons cette description à M. Guenée, qui l'a faite d'après une femelle assez mauvaise, prise dans les alpes du Dauphiné.

Glauca, Hb., Dup., Gn.

35^{m}. Ailes supérieures d'un gris noirâtre, légèrement saupoudrées de gris verdâtre, surtout dans l'espace subterminal. Lignes médianes peu distinctes, grises, bordées de noir ; subterminale bien marquée, d'un blanc jaunâtre, très brisée, précédée par une ligne de taches cunéiformes noirâtres. Les trois taches nettement dessinées, d'un blanc verdâtre ou bleuâtre, salies dans leur milieu, surtout la claviforme qui est suivie d'un trait noir, épais, joignant la ligne coudée. Frange concolore, légèrement entrecoupée. Ailes inférieures d'un gris roussâtre, avec la frange plus pâle.

Selon MM. Treitschke et Stainton la chenille vit en juillet sur le Pas-d'Ane (*Tussilago farfara*). Le papillon éclôt en juin de l'année suivante ; il habite les montagnes alpines. Savoie, Chamouny, *Fallou*. Rare.

Dentina, S.V., Dup, Gn. (pl. 41, fig. 1.)

33 à 38^{m}. Ailes supérieures, d'un gris cendré, ou d'un gris brunâtre, avec l'espace médian et l'espace terminal toujours plus foncés. Lignes médianes ondulées, grises, plus ou moins bien marquées ; subterminale d'un gris clair, très dentée, se découpant très nettement sur le brun de l'espace terminal, et longée intérieurement par une série de taches cunéiformes brunes ou noires. Taches ordinaires d'un gris blanchâtre, bordées de noir, salies dans leur milieu, surtout la réniforme qui est presque toujours moins visible que l'orbiculaire ; celle-ci suivie intérieurement d'une tache bidentée ou en forme de dent avec sa racine, d'où le nom *Dentina* donné à cet espèce ; cette tache est d'un gris jaunâtre, mais elle n'est pas toujours bien nette chez tous les individus. Claviforme brune bordée de noir, échancrant un peu la tache bidentée. Frange brune entrecoupée de jaunâtre. Ailes inférieures grises

avec la frange plus pâle. — ♀ semblable à ailes inférieures plus noirâtres.

Ab. *Latenai*. Pierret, n'est qu'un individu plus noir, et se trouve communément dans les montagnes.

La chenille vit en mai et juin sur plusieurs plantes basses, principalement sur le pissenlit, *Taraxacum officinalis*. Elle est difficile à trouver, parce qu'elle ne mange que les feuilles les plus basses, et attaque même souvent les racines. Le papillon est commun partout, dans les bois, les jardins, les prairies, en juin, juillet et août.

Marmorosa, Bkh., Dup., *Nana*, Gn., *Odontites*, Bdv.

32m. Ailes supérieures, bistrées, variées de brun, avec l'espace subterminal plus gris ; lignes grises, ondulées et bordées de brun des deux côtés ; la subterminale bien marquée en ≥ dans son milieu, bordée de brun extérieurement, et de taches cunéiformes noires intérieurement. Tache réniforme de la couleur du fond, irrégulière, peu marquée ; orbiculaire blanche, pupillée de gris, au-dessous de laquelle on voit la tache bidentée particulière au genre *Hadena*, mais d'une nuance qui se distingue à peine du fond. Claviforme brune. Frange brune entrecoupée de blanchâtre. Ailes inférieures d'un gris brun, avec une large bordure noirâtre surmontée d'une ligne ondulée de la même couleur. Frange blanchâtre

La chenille vit pendant l'été sur l'*Hippocrepis comosa* et l'*Ornithopus perpussillus*. Le papillon éclôt en juillet de l'année suivante ; il est propre aux contrées alpines. Basses-Alpes. Rare.

Peregrina, Tr., Gn. *Contribulis* ; Dup.

34m. Ailes supérieures d'un jaune roussâtre ou ferrugineux, avec les lignes médianes peu marquées, brunes, dentées, interrompues, liserées de jaune pâle ; subterminale claire, bien écrite, fortement en ≚ dans son milieu, bordée intérieurement de taches sagittées rousses. Taches ordinaires blanchâtres, bordées de quelques traits noirs ; l'orbiculaire placée sur une bande oblique, de même couleur qu'elle, traversant l'espace médian et s'étendant souvent jusqu'au bord interne. Claviforme ferrugineuse, bordée de noir. Frange entrecoupée. Ailes inférieures d'un blanc sale, lavées de roussâtre au bord marginal. — ♀ semblable.

La chenille vit en juin sur différentes plantes basses ; elle est commune ainsi que le papillon sur tout le littoral de la Méditerranée ; celui-ci éclôt en mai.

Chenopodii, S.V., Dup., Gn.

32 à 35m. Ailes supérieures d'un gris cendré légèrement roussâtre, avec des taches costales noires, et toutes les lignes d'un gris clair, bordées de noirâtre ; la demi-ligne et l'extrabasilaire largement festonnées ; la coudée dentée, suivie d'une série de petits points blanchâtres, la subterminale dentée bien marquée en ≚ dans son milieu. Tache orbiculaire ovale, un peu oblique, claire, pupillée et finement bordée de noir ; réniforme assez grande, d'un noir bleuâtre à ses deux extrémités, et surtout à sa base ; claviforme pupillée,

bordée de noir, souvent peu distincte. Frange d'un gris jaunâtre entrecoupée de brun, précédée d'une ligne de petits points triangulaires noirs. Ailes inférieures d'un gris pâle, avec le bord terminal largement noirâtre, une petite liture terminée par un point, et la frange blanchâtre. — ♀ semblable.

La chenille vit depuis le mois de juillet jusqu'en octobre, sur une foule de plantes basses, principalement sur les *Chenopodium*, *Rumex*, *Atriplex*, *Polygonum*, *Sonchus*, *Genista*, etc. Le papillon éclôt en mai, juillet, août, septembre ; il se trouve dans toute la France, mais plus ou moins communément, selon les localités.

SODÆ, Rmb., Dup., Gn.

32m. Très voisine de *Chenopodii*, dont elle se distingue principalement par sa couleur, qui est d'un gris cendré clair, sans aucune nuance de jaunâtre, avec des nuages plus obscurs dans l'espace terminal, et à la côte dans l'espace subterminal. Lignes médianes comme chez *Chenopodii ;* subterminale avec le ≚ plus obtus. Tache orbiculaire souvent plus petite ; réniforme plus remplie de noirâtre ; claviforme noirâtre, se détachant bien sur le fond. Ailes inférieures d'un gris clair, avec le bord terminal largement lavé de brun, et une lunule centrale de même couleur. Frange d'un blanc jaunâtre. — ♀ semblable.

La chenille se nourrit de différentes espèces de *Soudes* et d'*Ansérines* qui croissent sur les bords de la mer. Le papillon éclôt en mai, il n'est pas rare sur le littoral de la Méditerranée.

SOCIABILIS, Graslin, Gn.

30m. Très voisine de *Sodæ*. Ailes supérieures d'un gris jaunâtre, ombrées de gris cendré autour des taches ordinaires, sur le milieu de l'aile à la partie externe de la tache réniforme et longitudinalement à peu de distance du bord interne. Lignes médianes perdues dans la couleur du fond ; la subterminale plus visible, brisée en ≥ dans son milieu. Taches régulières, distinctes, bordées de noir ; l'orbiculaire et la claviforme petites, concolores ; la réniforme légèrement souillée de gris noir. Ailes inférieures blanches, avec les nervures, un trait cellulaire et une bordure interrompue à l'angle anal, noirâtres. — ♀ semblable.

La chenille vit en juin sur les armoises, *Arthemisia campestris* et *cærulescens* ; elle habite à une hauteur moyenne dans les Pyrénées-Orientales, où elle a été découverte par M. de Graslin. Le papillon éclôt depuis le mois de juillet jusque dans la seconde quinzaine d'août. M. de Graslin pense que cette espèce a plusieurs générations qui se succèdent pendant toute la belle saison. Peu répandu.

TREITSCHKEI, Bdv., Dup.

33m. Ailes supérieures d'un jaune ocracé un peu roussâtre, avec toutes les lignes d'un ton plus pâle et bordées de noir des deux côtés, mais plus fortement du côté intérieur ; l'extrabasilaire largement festonnée ; la coudée dentée ; la subterminale anguleuse peu ou point bordée de noir, en ≥ dans son milieu, contre laquelle s'appuient plusieurs petites taches cunéiformes ou sagittées, noires. Tache orbiculaire nette, d'un jaune-pâle, légèrement pupillée et bordée de noir ; réniforme noirâtre, un peu plus claire dans son milieu ; claviforme très nette, brune, bordée de noir. Ombre médiane brune, séparant les deux taches ordinaires et se rapprochant parallèlement de la coudée à sa partie inférieure. Frange festonnée, brune, entrecoupée de gris-jaunâtre. Ailes inférieures d'un gris un peu jaunâtre, avec une large bande marginale noirâtre, surmontée d'une ligne flexueuse de la même couleur. — ♀ semblable.

La chenille vit en juin sur l'*Hippocrepis comosa*, et aussi dit-on, sur l'*Anarrhinum bellidifolium* et le *Lotus corniculatus ;* elle se chrysalide en terre dans une coque assez solide. Le papillon éclôt deux fois par an, en mai et en août. Provence, Languedoc, Pyrénées-Orientales, *de Graslin*. Toujours assez rare.

Cette espèce est très voisine de *Chenopodii*, de *Sodæ* et de *Sociabilis*, pour la taille et la disposition des dessins, mais on l'en distinguera toujours facilement par sa couleur jaunâtre.

ATRIPLICIS. L., Dup., Gn. (pl. 41, fig. 2.)

42ᵐ. Ailes supérieures d'un brun chatoyant en violet, avec la base, l'espace subterminal et les deux taches ordinaires d'un vert brillant. Lignes médianes d'un gris-violâtre, larges, bordées de lunules noires des deux côtés, très-rapprochées au bord interne ; subterminale blanche, très distincte, largement ondulée. Tache réniforme, grande, irrégulière, ouverte par en haut, bordée intérieurement d'un trait sinué, blanc, contre lequel s'appuie un petit croissant également blanc; tache orbiculaire petite, ronde, pupillée et bordée de blanc et de noir; claviforme grande, d'un brun noirâtre. Mais ce qui caractérise le mieux cette espèce, c'est la tache bidentée, qui est grande, blanche ou rosée, partant de la tache orbiculaire, et s'étendant jusqu'à la coudée. Frange dentelée, d'un brun violet, entrecoupée de lignes jaunâtres, précédée d'une série de croissants noirs. Ailes inférieures noirâtres, plus claires vers la base, avec la frange jaunâtre. — ♀ semblable.

La chenille de cette belle espèce vit, depuis le mois de juillet jusqu'en octobre, sur la persicaire (*Polygonum persicaria*), l'arroche des jardins (*Atriplex hortensis*), l'oseille (*Rumex acetosa*); dans les basses-cours, au bord des marais et des ruisseaux; elle se cache pendant le jour sous les plantes dont elle se nourrit; et est quelquefois assez commune. Le papillon éclôt en juin et juillet de l'année suivante, rarement la première année; on le trouve souvent appliqué le long des murs de clôture et au pied des arbres. Toute la France, mais plus ou moins communément.

Suasa, S.V., Dup., Gn.

39m. Ailes supérieures bistrées ou enfumées avec les taches concolores, quelquefois un peu nuancées de rougeâtre sur le disque, avec les taches plus claires. Lignes médianes peu ou point marquées en clair; la coudée suivie d'une série de petits points blancs; subterminale bien écrite, blanchâtre, formant dans son milieu un ≍ *dont les deux angles sont prolongés jusqu'à la frange.* Ailes inférieures d'un gris jaunâtre avec le bord marginal plus obscur. — ♀ semblable.

La chenille vit depuis le mois de juin jusqu'à la fin d'octobre sur différentes plantes herbacées ; elle ne mange que la nuit, et se tient cachée sous les feuilles pendant le jour. Elle se chrysalide très profondément en terre, et le papillon éclôt en mai, juin, juillet, août et septembre de l'année suivante ; il n'est pas très commun, quoique répandu un peu partout.

AB. *Aliena*, Dup.

Un peu plus grande que le type, d'un gris testacé jaunâtre, plus foncé sur le disque et au bord terminal, avec les mêmes dessins, excepté la subterminale qui ressort moins, et est toujours précédée de traits sagittés au milieu. Ailes inférieures plus claires. Rare en France, Indre, *Maurice Sand.*

ALIENA, Hb., Gn.

40 à 45^{m}. Ailes supérieures d'un gris cendré un peu rougeâtre, avec les deux lignes médianes fines, noires ; coudée suivie d'une série de points blancs, bien marqués ; subterminale claire, en ≍ dans son milieu, liserée intérieurement de rouge ferrugineux et précédée de traits sagittés, bruns. Taches concolores, bordées de noir, ainsi que la claviforme qui est suivie d'un trait noir joignant la ligne coudée. Ailes inférieures d'un gris foncé uni dans les deux sexes.

Cette espèce dont la chenille est inconnue habite

l'Autriche ; elle a été trouvée en France dans le département de l'Indre, par M. Maurice Sand, en juin. Très rare.

Oleracea, L. etc.

34 à 38^{m}. Ailes supérieures d'un brun ferrugineux assez uniforme, avec les lignes médianes perdues dans la couleur du fond, la subterminale seule, bien distincte, blanche, formant dans son milieu un ≍ dont les angles n'atteignent pas la frange. Tache réniforme bien détachée, couleur de rouille ; orbiculaire pupillée, bordée de blanc. Frange concolore. Ailes inférieures d'un gris jaunâtre clair, avec un point cellulaire et le bord marginal noirâtres. — ♀ semblable.

La chenille vit pendant une grande partie de l'année, sur presque toutes les plantes potagères de nos jardins. Le papillon éclôt depuis le mois de mai jusqu'au mois de novembre de l'année suivante. Commun partout.

Pisi, L., etc.

38^{m}. Ailes supérieures d'un brun rouge assez vif, avec les lignes médianes et les taches ordinaires, peu marquées, d'un gris ferrugineux ; la réniforme et l'orbiculaire bordées de brun intérieurement. *La subterminale ordinairement blanche, en ≍ dans son milieu très brisée, épaisse, surtout à sa base, où elle forme une tache souvent assez grande.* Ailes inférieures d'un gris rougeâtre pâle, avec une lunule cellulaire et le bord marginal noirâtres. — ♀ semblable.

La chenille de cette espèce ne vit pas exclusivement

sur le pois cultivé, ainsi que son nom pourrait le faire croire, elle vit aussi sur d'autres plantes légumineuses, sur le genêt, le galé (*Myrica gale*). Elle est parvenue à toute sa taille au mois de septembre et n'est pas rare dans le Nord et le centre de la France. Cette chenille est très belle, elle est d'un brun violet ou d'un vert noirâtre, avec deux raies longitudinales d'un jaune citron de chaque côté du corps. Elle est très difficile à élever en captivité. Le papillon éclôt en mai et juin de l'année suivante; il n'est pas rare, quoique beaucoup moins commun qu'*Oleracea*.

AB. *Splendens*, Stph.

Ailes supérieures d'un brun rouge foncé, avec les lignes plus sombres; la subterminale en partie effacée et ne persistant qu'à l'angle anal. Assez rare. Indre, *Maurice Sand*.

THALASSINA, Hufn, Dup., Gn.

38mm. Cette espèce et les deux suivantes sont très voisines les unes des autres pour la taille et surtout pour les dessins; elles sont néanmoins bien distinctes; celle-ci a les ailes supérieures d'un rouge brun un peu cuivreux avec la base plus claire. Lignes médianes grises, dentées, bordées de noir; subterminale blanchâtre formant dans son milieu un ≥ bien marqué, contre lequel s'appuient intérieurement plusieurs traits sagittés, noirs, très allongés. Taches ordinaires concolores, quelquefois grises, bordées de noir; claviforme de la couleur du fond, bordée de noir, appuyée sur un trait horizontal, noir, réunissant les deux lignes médianes. Trait basilaire noir, bifurqué. Frange festonnée, brune, entrecoupée de blanchâtre. Ailes inférieures d'un gris obscur, surtout au bord terminal. — ♀ semblable.

Chenille en septembre, dans les lieux incultes, les lisières des bois, sur le genêt et les *Rumex*. Papillon en mai et juin, sur le tronc des arbres, au bord des routes, dans les épines qui entourent les jeunes arbres. Toute la France. Pas rare.

Contigua, S.V., Dup., etc.

Même taille et mêmes dessins que *Thalassina*. Ailes supérieures d'un gris jaunâtre nuancé de brun, avec une tache d'un jaune fauve à la base, une éclaircie d'un gris blanchâtre, partant de la tache réniforme et s'étendant jusqu'à l'angle apical, et une autre tache de même couleur à la base de l'espace subterminal. Mais ce qui distinguera toujours facilement cette espèce des deux autres, indépendamment de la couleur du fond, c'est la tache bidentée placée obliquement audessous de l'orbiculaire ; cette tache est jaunâtre, elle se lie par en haut à l'orbiculaire et par en bas à la tache grisâtre de la base de l'espace subterminal, ce qui dans les individus bien marqués, paraît former une bande claire, traversant l'aile obliquement. Ailes inférieures d'un gris jaunâtre obscur.

La chenille a les mêmes mœurs et se trouve à la même époque que la précédente ; elle vit aussi sur les mêmes plantes et sur les jeunes pousses de noisetier. Le papillon éclôt en mai et juin, dans les mêmes localités que *Thalassina*. Pas rare, sans être très commun partout.

GENISTÆ, Bkh., Dup., *W. Latinum*, Hufn., Gn.

40 à 42m. Ailes supérieures d'un gris cendré un peu rougeâtre, avec les deux tiers supérieurs de l'espace médian et l'espace terminal d'un brun rouge. Lignes médianes grises, dentées, bordées de noir, réunies au-dessous de la claviforme par un trait noir ; subterminale bordée intérieurement de brun rouge, formant dans son milieu un ≷ très bien écrit, contre lequel s'appuient intérieurement deux traits noirs sagittés. Espace terminal divisé par des traits noirs. Un trait basilaire noir. Taches ordinaires grandes, bien marquées, la réniforme teintée de jaunâtre. Ailes inférieures grises, avec les nervures plus foncées. — ♀ semblable.

La chenille vit en août et septembre sur diverses plantes, mais principalement sur les genêts. Papillon en mai et juin ; n'est pas rare et se trouve dans les mêmes conditions que les deux espèces précédentes.

HYPPA, Dup.

RECTILINEA, Esp., Dup., etc.

38 à 40m. Ailes supérieures d'un gris pâle, avec l'espace médian d'un brun marron, moins foncé vers la côte. Cet espace bien limité par des lignes médianes qui sont noires ; l'extrabasilaire profondément dentée vers le bord interne ; la coudée décrivant une courbe peu ondulée ; ces deux lignes réunies au-dessous des

taches par un trait noir, très épais. Subterminale nulle, indiquée seulement par un trait court, sinué, blanc, traversant une tache brune, placée vers l'angle interne au-dessus de laquelle on voit une autre tache de même couleur, traversée par les nervures qui sont noires. L'espace basilaire est aussi traversé par deux traits noirs, l'un basilaire, l'autre au-dessous. La tache orbiculaire est anormale ; elle est petite, étroite, concolore, cerclée de noir et placée horizontalement ; la réniforme est assez grande, grise et bordée de brun. Ailes inférieures grises, avec une raie transverse, sinuée, plus obscure. — ♀ semblable.

La chenille vit en septembre et octobre sur le myrtille (*Vaccinium myrtillus*), la ronce (*Rubus idæus*), le saule marceau (*Salix caprea*), et aussi, dit-on, sur le fraisier et le chèvrefeuille. Cette belle espèce n'est pas rare en juin et juillet, en Allemagne et dans le Nord de l'Angleterre ; mais en France elle n'a encore été trouvée que dans les Hautes-Alpes, par M. le docteur Boisduval, et dans les Vosges, au Rhinkopf, par M. de Peyerimhoff.

XYLINIDÆ, Gn.

Papillons à antennes presque toujours simples, à palpes bien développés, à spiritrompe longue, à thorax robuste, à ailes oblongues, à dessins longitudinaux, les lignes ordinaires rarement bien nettes, en toit aplati dans le repos, et donnant à l'insecte une forme allongée. Les chenilles ont seize pattes égales, elles sont cylindriques, allongées, rases, de couleurs brillantes, et vivent à découvert sur les plantes basses et les arbres dont elles mangent les fleurs ou les feuilles.

Genre LITHOCAMPA, Gn.

Antennes munies à leur base d'une touffe de poils ; celles des mâles assez grêles, garnies de lames longues et serrées. Palpes peu ascendants, obliques, le deuxième article subsécuriforme, velu, le troisième fortement incombant. Thorax étroit, velu, à collier squammeux, non relevé, avec une touffe épaisse à sa jonction avec l'abdomen. Celui-ci caréné, crêté, assez grêle dans les mâles. Ailes entières, les supérieures lisses, luisantes, coudées au bord terminal, creusées au bord interne, à dessins longitudinaux, à taches peu marquées, à subterminale brisée en ≥ ; les inférieures minces, larges, non dentées ni entrecoupées. Chenilles atténuées antérieurement, un peu aplaties en dessous, munies sur le onzième anneau d'une pointe bifide, à tête petite, lenticulaire, vivant à découvert sur les chèvrefeuilles. Chrysalides lisses, renfermées dans des coques solides, mêlées de mousses et de débris.

Ramosa. Esp., Dup., Gn. (pl. 41, fig. 3.)

30ᵐ. Ailes supérieures d'un cendré un peu rosé, avec une bande longitudinale d'un brun noir, échancrée nettement dans l'espace médian, coupée près de l'angle interne, par un petit arc blanc, qui est la base de la subterminale, et se réunissant à une raie brune;

bordée de roux, qui descend obliquement de l'angle apical, et qui est coupée par des traits noirs. Lignes et taches ordinaires presque complètement oblitérées. Frange noirâtre entrecoupée de gris. Ailes inférieures d'un blanc un peu nacré, avec un petit point cellulaire et le bord lavé de noirâtre. — ♀ semblable à ailes inférieures plus obscures.

La chenille habite les montagnes alpines où elle vit en juillet et août sur les chèvrefeuilles. Le papillon éclôt en avril et mai. Alpes de Digne ; Pontarlier (*Doubs*), *Bruand*. Toujours assez rare.

Genre XYLOCAMPA, Gn.

Antennes munies à leur base d'une touffe de poils cylindriques et sans aucune ciliation dans les deux sexes. Palpes courts, le deuxième article très velu, le troisième très court et tronqué. Thorax velu, carré, avec le collier fortement relevé en capuchon. Abdomen long, très velu, caréné, crêté sur les premiers anneaux dans les deux sexes. Ailes supérieures un peu oblongues, à taches et lignes médianes distinctes. Chenilles très allongées, très atténuées aux extrémités, avec les pattes membraneuses très longues, la tête petite et aplatie, et une éminence sur le onzième anneau, vivant à découvert sur les arbrisseaux. Chrysalides renfermées dans des coques papyracées, recouvertes de mousses et de débris de végétaux et placées à la surface du sol.

LITHORHIZA, Bkh., Dup., Gn. (pl. 41, fig. 4.)

36m. Ailes supérieures d'un gris cendré, quelquefois

légèrement rosé, saupoudré de noirâtre avec les deux lignes médianes, le trait basilaire et une rangée terminale de points, surmontée de taches cunéiformes, noirs. Taches ordinaires grises, bordées de noir, réniformes toutes deux, se réunissant par leur extrémité inférieure. Frange coupée de traits clairs, puis de points noirs à son extrémité. Ailes inférieures d'un gris clair, avec les nervures, un point cellulaire, une ligne médiane peu dentée, et un filet terminal noirâtres. — ♀ semblable.

La chenille est très bizarre par sa forme, par la longueur de ses pattes membraneuses, et par ses allures vives et frétillantes. Elle vit en juin et juillet sur le chèvrefeuille, dans les bois et les jardins, elle est difficile à trouver et délicate à élever. Le papillon éclôt en mars et avril ; en battant les arbres, sur les fleurs du saule marceau. Plus ou moins commun selon les localités.

Genre GLOANTHA, Bdv.

Antennes simples ou dentées, pubescentes dans les mâles, pubescentes ou garnies de cils isolés dans les femelles. Palpes un peu ascendants, le deuxième article velu, le troisième court et tronqué. Spiritrompe assez longue. Thorax carré, velu, court, à collier non relevé en capuchon, Abdomen légèrement crêté, caréné et velu latéralement dans les mâles, épais et obtus dans les femelles. Ailes supérieures peu allongées, à frange subdentée ou fortement entrecoupée, lisses, un peu luisantes, à dessins rayonnés, à taches réniforme distincte. Chenilles rases, cylindriques, épaisses, à ligne stigmatale très distincte ; vivant principalement sur les *Hypericum* et se cachant pendant le jour. Chrysalides enterrées.

Radiosa, Esp., Dup.

25^{m}. Ailes supérieures d'un brun clair, avec plusieurs lignes blanches longitudinales partant de la base et allant aboutir au bord terminal. Ces lignes plus larges et mieux marquées dans l'espace subterminal. Lignes médianes nulles. Tache orbiculaire petite, peu distincte ; réniforme bien écrite, brune, bordée de blanc, avec un trait blanc longitudinal dans son milieu. Frange brune, entrecoupée de blanc, précédée d'une série de taches cunéiformes, noires. Ailes inférieures d'un blanc légèrement verdâtre, avec les nervures, une grosse tache cellulaire et une large bordure marginale, bien coupée, noires. Ces ailes inférieures feront toujours reconnaître facilement cette espèce. — ♀ semblable.

La chenille de cette jolie noctuelle vit en juillet et août, sur les millepertuis (*Hypericum perforatum* et *Alpinum*), dans le Midi de la France, et principalement dans les montagnes alpines. Papillon en mai et juin, vole rapidement en plein jour autour des fleurs de scabieuse *Scabiosa columbaria*) et de la *Jasione montana*. Saône-et-Loire, *Constant*; Savoie, Dauphiné, *Fallou*; Auvergne, *Guillemot*; Pontarlier, *Bruand*; n'est pas rare dans les forêts de Nonnenbruck et de la Harth (*Alsace, Vosges*), *Gerber* et *de Peyerimhoff*; Alpes ; Haute-Loire. Peu répandu.

Hyperici, S.V., Dup. (pl. 41, fig. 10.)

32ᵐ. Ailes supérieures d'un gris un peu bleuâtre, avec une ombre brune dans l'espace médian, une tache oblique vers l'angle apical, et une autre tache subtriangulaire vers l'angle interne, également brunes. Trait basilaire bien marqué, avec un autre trait plus petit en dessous, noirs. Toute la surface de l'aile est, en outre, traversée par de fines lignes noires, dans le sens des nervures. Lignes nulles. Tache orbiculaire petite, étroite, horizontale ; réniforme bien écrite, bordée de noir ; suivie d'une éclaircie jaunâtre. Ces deux taches séparées par une tache noire. Frange brunâtre entrecoupée de blanchâtre. Ailes inférieures d'un blanc sale, avec une lunule centrale, une ligne médiane, et le bord marginal plus obscurs. Frange blanche. — ♀ semblable, avec les ailes inférieures plus obscures.

Chenille en juin sur les millepertuis (*Hypericum perforatum, alpinum* et *delphinense*). Papillon en mai et juin, quelquefois en septembre ; Indre, *Maurice Sand :* Charente, *Delamain :* Gironde, *Trimoulet :* Aube, *Jourdheuille :* Auvergne, *Guillemot :* Saône-et-Loire, *Constant :* Pyrénées-Orientales, *de Graslin ;* Lozère. Toujours assez rare.

Perspicillaris, L., Dup., Gn.

32ᵐ. Ailes supérieures aiguës à l'angle apical, variées de blanc jaunâtre, de brun verdâtre et de rose lilas. Lignes nulles, la coudée simplement indiquée par de petits points noirs, visibles seulement au bord interne. Tache orbiculaire nulle ; réniforme très apparente, grande, ouverte par en haut, jaune à milieu brun, placée sur un espace très foncé. Trait basilaire long, fin, surmonté d'un espace clair. Bord terminal avec une ligne fulgurale d'un blanc jaunâtre, formant des angles très profonds, dont deux à l'angle apical, et deux autres en ≊ dans son milieu. Ailes inférieures d'un gris roussâtre, avec les nervures et le bord marginal plus foncés. — ♀ semblable.

Chenille en juin, juillet et août sur les millepertuis ; M. Goosens la prend en septembre et octobre, surtout à la brune. Le papillon éclôt en mai, juin, juillet et septembre ; il vole souvent en plein jour et se pose sur les fleurs. Paris ; Indre, *Maurice Sand ;* Saône-et-Loire, *Constant ;* Aube, *Jourdheuille ;* Alsace, *de Peyerimhoff.* Pas très commun.

Solidaginis, Hb., Dup., Gn.

43^{m}. Ailes supérieures étroites, assez allongées, aiguës à l'angle apical, avec le bord terminal échancré ; d'un gris foncé, avec l'espace médian plus foncé, et les nervures finement marquées en noir. Lignes médianes très dentées, d'un gris bleuâtre, bordées de noirâtre ; la subterminale blanchâtre, formant dans son milieu, un ≊ contre lequel s'appuient deux ou trois traits sagittés noirs, assez allongés. Tache orbiculaire petite, peu marquée ; réniforme grande, blanche, brune dans son milieu et bordée de noir. Frange brune, festonnée de blanc. Ailes inférieures d'un gris jaunâtre, avec une lunule discoïdale, une raie transverse, plus obscures et peu marquées. — ♀ semblable.

La chenille vit en juin sur le myrtille *(Vaccinium myrtillus)* et sur l'airelle ponctuée *(Vaccinium vitis idæa)*. Le papillon éclôt en août ; il se trouve dans l'ouest de la France, et se trouvera probablement aussi dans les autres parties de la France où croît le myrtille. Assez rare.

Genre CALOCAMPA, Stph.

Antennes longues, épaisses et garnies de cils courts, mais pressés dans le mâle, isolés mais rapprochés dans la femelle. Palpes courts, velus, leur dernier article tronqué, à peine distinct du second. Spiritrompe robuste. Thorax carré, peu convexe, velu, à collier sinué et caréné. Abdomen très déprimé, lisse, velu latéralement, semblable dans les deux sexes. Ailes supérieures dentées, épaisses, très oblongues, à bords presque parallèles, à dessins rayonnés et à taches distinctes. Au repos elles se plissent et se croisent fortement, ce qui donne à l'insecte une forme très allongée. Chenilles rases, très longues, cylindriques, à tête petite et globuleuse. Ces chenilles sont très belles et vivent de plantes basses. Chrysalides enterrées profondément.

VETUSTA, Hb., Dup., Gn. (pl. 41, fig. 6.)

55 à 60^{m}. Ailes supérieures ocracées, veinées de brun rougeâtre clair, avec la moitié du bord interne, et les deux tiers du bord terminal d'un brun rouge.

Lignes médianes peu visibles ; l'extrabasilaire figurée par des zigzags très profonds ; la subterminale anguleuse, claire depuis le haut jusqu'à un trait noir, situé dans son milieu, et qui s'étend jusqu'à la tache réniforme, rougeâtre dans le reste de son étendue. Tache orbiculaire oblitérée, remplacée par deux ou trois points bruns, obliques ; réniforme grande, irrégulière, suivie d'un empâtement noir. Ailes inférieures d'un gris jaunâtre uni, avec la frange claire. Thorax couleur sépia, avec le collier jaunâtre, relevé, et une carène dans son milieu. — ♀ semblable.

La chenille habite d'ordinaire les prairies marécageuses, et vit de plantes basses, particulièrement de *Carex ;* dans le Midi de la France on la trouve sur la scabieuse, et au bord de la mer sur le *Statice limonium ;* elle est très petite en mai et parvient à toute sa taille à la fin de juin. On se la procure en fauchant dans les prairies basses. Le papillon éclôt en septembre et octobre, cependant la chrysalide passe quelquefois l'hiver et éclôt en mars et avril de l'année suivante. Il n'est généralement pas très commun, quoiqu'il se trouve un peu partout. Paris, Compiègne, Indre, Alsace, Aube, Gironde, Saône-et-Loire, etc.

Exoleta, L., Dup., Gn., etc.

58 à 62^{m}. Très voisine de la précédente, dont elle se distingue par les caractères suivants : Elle est un peu plus grande ; ses ailes supérieures sont d'un ocracé pâle teinté de verdâtre vers le bord interne, avec la côte et de nombreuses lignes longitudinales d'un brun

rougeâtre ; la ligne subterminale est presque effacée, et forme dans son milieu, deux dents surmontées de deux traits bruns, qui n'atteignent pas la réniforme ; celle-ci est plus grande, mieux dessinée, également suivie d'un empâtement noir ; l'orbiculaire est plus petite, mais de même forme que la réniforme. Les ailes inférieures sont grises, jaunâtres au bord abdominal. La tête est d'un jaune fauve ainsi que la partie antérieure du thorax, qui est en outre bordée de deux lignes rousses. Le dessus du thorax est gris brunâtre, et le dessus de l'abdomen teinté de noir. — ♀ semblable.

La chenille est très belle ; elle est tantôt d'un vert pomme tantôt d'un beau vert glauque, avec une raie jaune de chaque côté du dos. Elle vit depuis le commencement de juin jusqu'à la mi-juillet, sur une infinité de plantes, particulièrement sur l'œillet des jardins ; la scabieuse des champs ; le cucubale ; les pavots ; les genêts ; l'arrête-bœuf, *Ononis arvensis ;* le *Silene otites ;* etc. Le papillon éclôt en août et septembre ; mais de même que pour la *Vetusta*, quelques chrysalides passent l'hiver, et le papillon paraît au printemps, époque où a lieu l'accouplement. Presque toute la France, mais moins rare dans le midi que dans le nord.

Ces deux espèces sont fort difficiles à découvrir lorsqu'elles sont à l'état de repos ; leur forme allongée, leur couleur, les font tellement ressembler à un morceau de bois mort, qu'il faut les toucher pour s'assurer que ce sont des êtres vivants.

Genre XYLINA, Och.

Antennes moyennes, à cils très courts, mais serrés dans les mâles. Palpes droits, le deuxième article velu, le troisième droit, long, velu, tronqué. Toupet frontal saillant, quadrifide. Thorax court, carré ; peu convexe, velu, muni derrière le collier, d'une crête bifide, saillante. Abdomen déprimé, souvent crêté dans les deux sexes, qui diffèrent peu ou point par cet organe. Ailes supérieures étroites, allongées, à bords presque parallèles, croisées et presque parallèles au plan de position dans le repos. Chenilles courtes, molles, cylindriques, à tête assez grosse, ayant toutes les lignes distinctes ; vivant à découvert sur les arbres. Chrysalides enterrées.

Merckii, Rb. *Ripagina*, Hb.

48 à 50m. Ailes supérieures d'un gris cendré, légèrement bleuâtre, avec la plupart des nervures et quelques linéaments noirs. Taches ordinaires et lignes complétement absorbées ; on aperçoit seulement quelques traces de ces lignes, par des zigzags très profonds, noirs. Une nuance brune, peu marquée, part de l'angle apical, et se perd avant d'atteindre le bord interne. Frange concolore, un peu échancrée vers l'angle interne. Ailes inférieures d'un brun roussâtre, avec une tache cellulaire brune, peu marquée. Le bord terminal est très échancré vers l'angle externe, et la frange blanche, excepté vers l'angle anal.

La chenille vit au mois de mai sur l'aune (*Alnus*

viscosa). Le papillon éclôt en septembre et octobre. Environs de Lyon, Rive-de-Gier, Provence, Pyrénées-Orientales, *de Graslin*. Très rare.

Furcifera, Hufn. *Conformis*, S V., Dup., Gn. (pl. 41, fig. 7.)

45^{m}. Ailes supérieures d'un gris violâtre foncé, avec les lignes peu marquées, géminées, brunes. Tache réniforme grande, roussâtre, bordée inférieurement de blanc et de noir ; fondue intérieurement dans l'ombre médiane, qui est brune, nettement limitée depuis la base de la tache, jusqu'à la côte, et fondue dans le reste de son étendue, c'est-à-dire jusqu'au bord interne. Tache orbiculaire, nulle ; claviforme concolore, bordée de noir, suivie d'un trait noir, horizontal, qui rejoint la ligne coudée. Trait basilaire noir, paraissant relevé à son extrémité, surmonté d'un trait blanc, et d'une éclaircie blanchâtre. Thorax, remarquable par la crête de poils très élevée qui en occupe le milieu ; cette crête est bifide et bordée à sa base et en devant par une ligne blanche surmontée d'une autre ligne, noire. Ailes inférieures échancrées vers l'angle externe, d'un gris rougeâtre, avec la frange plus claire. — ♀ semblable.

La chenille vit en juin sur l'aune, le bouleau, le peuplier, le chêne ; et le papillon éclôt en septembre et octobre ; il hiverne et reparaît au printemps suivant, ainsi que toutes les espèces de ce genre ; se prend en battant les arbres, et aussi contre le tronc de ces mêmes arbres. Centre et nord de la France, mais plus ou moins communément selon les localités.

Cinerosa, Gn.

Ressemble beaucoup à *Furcifera*, dont elle diffère par les caractères suivants : Un peu plus petite ; ailes supérieures proportionnellement un peu plus larges, d'un cendré blanchâtre, avec des nuances noirâtres très nettes, en sorte que l'aile est très distinctement nuagée ou marbrée de deux couleurs, avec toutes les lignes et les taches très marquées. A la base on voit un espace tout à fait blanc qui occupe la moitié supérieure de l'aile et qui s'étend sur le côté externe des ptérygodes. Les lignes noires du thorax sont aussi beaucoup plus visibles. Les ailes inférieures et l'abdomen sont d'une nuance beaucoup plus pâle. Alpes du Dauphiné.

Nous ne connaissons pas cette espèce que nous décrivons d'après M. Guénée, qui ajoute : qu'elle pourrait bien être identique avec la *Xylina Ingrica*, des environs de Saint-Pétersbourg, dont elle ne diffère en effet que par sa couleur plus cendrée. M. Staudinger la considère aussi comme variété alpine d'*Ingrica*.

Ornithopus, Hufn, *Rhizolitha*, S.V., Hb., Dup., Gn.

39^{m}. Ailes supérieures d'un gris blanchâtre. Lignes géminées, peu marquées, très dentées. Tache réniforme roussâtre, échancrée des deux côtés, bordée de noir inférieurement ; orbiculaire souvent peu visible, bordée de noir des deux côtés seulement, ces deux taches très rapprochées l'une de l'autre, et séparées par l'ombre médiane qui est grise. Claviforme petite, bordée de noir, suivie d'un trait court, noir, qui rejoint la ligne coudée. Trait basilaire noir, trifurqué. Frange grise, festonnée, précédée d'une série de points noirs. Ailes inférieures d'un gris noirâtre, avec la frange plus claire et entrecoupée de taches obscures. Thorax surmonté d'une crête bifi le.

La chenille est commune en mai sur le chêne, et le papillon éclôt depuis le mois de septembre jusqu'en novembre, puis en mars et avril de l'année suivante, lorsque la chrysalide ou le papillon ont passé l'hiver. Commun partout. Se prend facilement en battant les arbres.

Lapidea, Hb., Dup., Gn.

39mm. Ailes supérieures étroites, allongées, à bords presque parallèles, d'un gris de souris plus ou moins prononcé, avec les taches à peine visibles, et souvent oblitérées. Lorsque la réniforme est visible, elle est souvent lavée de roussâtre inférieurement. Dans tous les cas, elle est séparée de l'orbiculaire par une raie oblique et anguleuse, noire, plus ou moins bien écrite, laquelle descend de la côte et vient aboutir à un trait fin, horizontal, très noir, placé sur la nervure médiane. Chaque aile est en outre marquée de plusieurs petites lignes courtes, les unes grises, les autres noires. La subterminale est formée de traits sagittés noirs, plus ou moins allongés. Ailes inférieures d'un gris légèrement roussâtre, avec une tache discoïdale faiblement écrite. — ♀ semblable.

La chenille vit sur les cyprès horizontal et pyramidal ; et peut-être aussi, selon M. Millière, sur le *Juni-*

perus sabina; à la mi-juin, elle se chrysalide à la surface du sol, sous la mousse, dans une coque très solide, composée de soie très forte. Le papillon éclôt du 20 au 30 novembre dans les environs de Lyon, et en Provence dès le mois de septembre. Peu commun.

VAR. *Leautieri*, Bdv., Gn.

Ailes supérieures plus étroites et un peu plus aiguës à l'angle apical, d'un cendré blanchâtre, avec les dessins noirs, formant de petites lignes bien tranchées ; les deux taches peu visibles ; l'ombre médiane bien marquée et en forme de V ouvert. Abdomen gris, moins déprimé. *Guenée*. Marseille, Montpellier, en septembre.

VAR. *Sabinæ*, Hb.

D'un gris bleuâtre ; traits plus vagues, plus nébuleux et en partie oblitérés.

La chenille vit sur la sabine (*Juniperus sabina*).

SEMIBRUNNEA, Haw. *Oculata*, Germ., Dup.

40m. Ailes supérieures étroites, d'un brun plus ou moins noirâtre le long du bord interne, et d'un gris roussâtre le long de la côte, avec plusieurs lignes noires longitudinales. Taches peu visibles, vaguement dessinées en clair. Bord interne longé par un trait noir, à reflet bleu, coupé par une ligne claire, qui est la partie inférieure de la coudée. Bord terminal avec quelques traits sagittés noirs, entremêlés de traits d'un gris jaunâtre clair. Ailes inférieures d'un gris roux, lavé de brun au bord marginal, avec la frange plus claire. *Abdomen long, avec des crêtes d'un noir bleu sur tous les anneaux.*

La chenille vit en mai sur le frêne commun ; elle se chrysalide en terre dans une coque solide, formée de grains de terre et de soie brune. Le papillon éclôt en septembre et octobre. Montagnes du Bugey ; environs de Lyon, d'Hyères, de Paris, Indre, *Maurice Sand;* Auvergne, Charente, Gironde, Saône-et-Loire ; tronc des arbres, miellée, fleurs du lierre, etc. Pas très commun.

SOCIA, Hufn. *Petrificata*, S.V., Dup.. Gn.

Très voisine de la précédente, mais avec les ailes supérieures plus larges à l'extrémité ; la teinte sombre longitudinale, répandue au milieu et non au bord interne ; les ailes inférieures plus unies, plus foncées, marquées en-dessous d'une ligne médiane épaisse. *Abdomen n'ayant que deux crêtes situées sur les troisième et quatrième anneaux.*

La chenille vit en mai sur le chêne, l'orme et le tilleul ; elle se chrysalide comme celle de *Semibrunnea.* Le papillon éclôt aussi en septembre et octobre ; il hiverne et reparaît au mois de mars ; on le prend alors quelquefois sur les fleurs du saule-marceau. Nord de la France ; Paris ; Gironde ; Alsace ; Saône-et-Loire ; Auvergne. Pas très commun.

Genre CUCULLIA, Och.

Antennes moyennes, cylindriques, glabres dans les deux sexes. Palpes ascendants, courts, rapprochés, velus, leur deuxième article très large et presque arrondi, le troisième très court, en bouton. Spiritrompe longue et épaisse. Thorax arrondi, velu, à collier très relevé en forme de capuchon (*cucullus*). Abdomen long, conique, presque semblable dans les deux sexes. Ailes supérieures longues, étroites, lancéolées, recouvrant au repos les inférieures, qui sont courtes et disposées en toit très déclive. Chenilles allongées, épaisses, moniliformes, lisses, ornées de couleurs vives, vivant à découvert sur les plantes basses, dont elles mangent les fleurs de préférence. Chrysalides molles, munies d'une gaîne ventrale proéminente, renfermées dans des coques très solides, ovoïdes, composées d'un mélange de terre et de soie.

Les chenilles des *Cucullia* sont les plus belles de toutes les noctuélites. Destinées par la nature à vivre parmi les fleurs, elles en ont les couleurs et la variété. C'est sur les plantes de la famille des composées qu'on les rencontre presque toutes. Elles se tiennent au sommet de leurs tiges, repliées ou contournées parmi leurs fleurs et leurs boutons. Quand on les saisit, elles se roulent en cercle, et, si on continue à les tenir, elles se défendent violemment et exécutent des sauts, qui les font bien vite tomber à terre, où elles se perdent parmi les herbes. Quand on les presse un peu fortement, elles dégorgent par la bouche une liqueur verdâtre, abondante, qui tache fortement les corps sur lesquels elle est déposée. Les papillons volent le soir avec beaucoup de rapidité autour des fleurs, comme les sphinx, qu'ils rappellent à beaucoup d'égards. *Guenée.*

Groupe I.

Chenilles vivant sur les *Verbascum* et les *Scrophularia*. Papillons couleur de bois, à taches nulles.

VERBASCI, L., Dup., Gn. (pl. 41, fig. 8.)

44 à 48^{m}. Ailes supérieures très dentées, très aiguës et un peu falquées à l'angle apical, d'un testacé roussâtre, avec la côte et le bord interne d'un brun ferrugineux, celui-ci surmonté d'une nuance blanchâtre étendue et fondue. Taches et lignes nulles ; la coudée seule, indiquée par deux croissants blancs, bien marqués, traversant la partie brune qui longe le bord interne ; ces deux croissants suivis d'un trait ferrugineux, épais, remontant d'un manière bien nette jusqu'au bord terminal. Deux traits sous-costaux bien marqués, d'un ferrugineux vif. Quelques petits points très fins sur le disque. Ailes inférieures très dentées, d'un gris roussâtre, avec les nervures foncées et le bord terminal noirâtre et bien fondu. Tête d'un brun roux. Thorax jaunâtre, avec le capuchon bordé de brun roux et les ptérygodes bordées de blanc ; milieu du thorax d'un brun roux foncé. Abdomen long, jaunâtre, avec les quatre ou cinq premiers anneaux crêtés de brun noir. — ♀ semblable, mais avec les ailes inférieures presque entièrement noirâtres.

La chenille vit depuis le mois de mai jusque vers la fin d'août, sur le bouillon blanc, *Verbascum thapsus*. On la rencontre parfois sur les scrophulaires *Scrophularia canina* et *aquatica*. Elle mange les feuilles de préférence aux fleurs.

La chrysalide passe l'hiver. Le papillon éclôt en avril et mai de l'année suivante, et quelquefois la seconde année, il se trouve communément partout.

Scrophulariæ, S.V., Dup., Gn.

43^{m}. Très voisine et souvent assez difficile à distinguer de la précédente. Plus petite, ailes supérieures moins fortement dentées, moins aiguës au sommet ; leur couleur est plus jaune, les parties foncées sont d'un brun noirâtre plutôt que ferrugineux ; la côte est plus cendrée ; les points du disque sont plus marqués et plus nombreux, surtout dans les femelles. Les ailes inférieures sont plus claires avec la bordure moins fondue. L'abdomen est plus court et plus conique. — ♀ à ailes inférieures noirâtres.

La chenille vit exclusivement sur les scrophulaires *Scrophularia nodosa* et *aquatica*, dont elle mange de préférence les fruits ; cependant on la rencontre aussi quelquefois sur le *Verbascum blattaria*. Elle se métamorphose de la même manière que *Verbasci* et éclôt à la même époque. Commune.

Lychnitis, Rbr., Dup., Gn.

39 à 43^{m}. Ailes supérieures plus étroites et moins dentées que chez les espèces précédentes ; d'un jaune ocracé très clair, nullement teinté de roussâtre ni de gris ; la partie claire qui surmonte le trait brun interne réduite à une seule tache blanche vague, avant les croissants. Côte cendrée. Taches ordinaires plus claires que le fond, visiblement entourées de points. Moitié inférieure de la frange plus foncée. Ailes inférieures

très pâles, à nervures peu marquées et sans lunule cellulaire.

La chenille se trouve beaucoup plus tard que celle de *Verbasci*, c'est-à-dire en août et septembre ; elle vit sur les *Verbascum* très rameux, tels que *Lychnitis*, *Pulverulentum*, *Nigrum*, etc., dont elle mange les fleurs et fruits ; elle se tient toujours au sommet et en groupes souvent nombreux. Le papillon éclòt en mai et juin, et quelquefois la seconde année. Commun dans presque toute la France.

Ab. *Rivulorum*, Gn.

Un peu plus grande. Ailes supérieures un peu plus dentées, d'un ocracé plus chaud, avec la côte plus foncée, très nette, d'un cendré noirâtre. Les taches mieux entourées de points. Les ailes inférieures plus foncées, à tache cellulaire plus visible. *Guenée*.

Selon M. Guenée, la chenille vit exclusivement sur les scrophulaires, en juillet. Elle ne vit que dans les endroits humides ; tandis que la *Lychnitis* recherche les terrains arides et élevés. Cependant nous croyons bien avoir obtenu cette aberration de la même chenille que celle de *Lychnitis*, et trouvée sur les *Verbascum* rameux.

Blattariæ, Esp., Gn. *Caninæ*, Rbr., Dup.

38mm. Très voisine de *Lychnitis* ; en diffère surtout par la couleur de ses ailes supérieures, qui sont d'un cendré roussâtre, ou tout à fait cendrées, avec le bord antérieur d'un gris un peu bleuâtre, et dont la teinte, vers la base de l'aile, se fond davantage avec la couleur du limbe. L'éclaircie blanchâtre et longitudinale du milieu de l'aile est apparente ; les taches ordinaires sont un peu plus marquées, entourées de points placés de la même manière ; les lignes noires du bord interne sont moins foncées.

Cette espèce se distingue au premier coup d'œil de la *Lychnitis*, dont la couleur de bois pourri contraste avec la teinte grise de celle-ci.

La chenille vit presque exclusivement sur les *Scrophularia canina* et *ramosissima*, et quelquefois sur l'*aquatica*. Elle aime surtout les fleurs et les fruits, et se trouve à la même époque que *Scrophulariæ*. Le papillon éclot en mai. France centrale et méridionale. Indre, *Maurice Sand ;* Auvergne, *Guillemot ;* Pyrénées-Orientales, *de Graslin*. Peu commun.

THAPSIPHAGA Tr., Rbr., Dup., Gn.

42ᵐ. Ailes supérieures étroites, à dents assez aiguës, d'un cendré jaunâtre, à côte cendrée peu tranchée, à taches bien indiquées par des points noirs. L'éclaircie blanchâtre longitudinale du milieu de l'aile est très prononcée et envahit souvent une grande partie du limbe. Les lignes point ou à peines visibles ; les traits sous-costaux pâles et confus. Ailes inférieures à bordure assez large, fondue.

La chenille est très différente de ses congénères ; elle est d'un blanc jaunâtre, avec une large bande dorsale d'un jaune pâle, renfermée entre deux bandes grises, puis une stigmatale concolore, également renfermée entre deux bandes semblables, et les points noirs très petits, bleuâtres, souvent tout à fait nuls. Elle vit en juin et juillet sur le *Verbascum lychnitis*, et quelques autres espèces rameuses, dont elle mange les fleurs et les feuilles. Le papillon éclôt en mai et juin. France méridionale ; Lozère ; Dauphiné ; Charente, *Delamain ;* Indre, *Maurice Sand ;* Auvergne, *Guillemot ;* Pyrénées-Orientales, *de Graslin*. Pas très répandu quoique la chenille soit souvent commune.

Scrophularivora, Rbr., Gn. *Thapsiphaga*, Dup.

41mm. Ailes supérieures pas très étroites, à côte très arquée au sommet, d'un cendré teinté de brunâtre dans le haut, avec la côte d'un gris de fer, et la bande du bord interne d'un brun noir, l'éclaircie blanche située au-dessus fondue avec le fond. Taches indistinctes, indiquées par des points peu nombreux. Ligne extrabasilaire géminée, parfois visible. Ailes inférieures jaunâtres, avec la lunule cellulaire toujours plus ou moins visible en-dessus. Abdomen très conique et peu allongé. — ♀ plus foncée, moins jaunâtre que le mâle.

La chenille est peu connue ; elle vit dit-on sur la *Scrophularia canina*. Le papillon éclôt en mai et juin. Centre de la France, Val de la Loire ; Indre, *Maurice Sand ;* Rare.

M. Staudinger, dans son catalogue, considère cette espèce comme une *Blattariæ*.

Prenanthis, Bdv. *Ceramanthæ*, H. S. *Blattariæ*, Dup.

40mm. Ailes supérieures très peu dentées, d'un cendré mêlé de brunâtre, avec la côte et la bande du bord interne d'un brun foncé ; la côte n'étant bien foncée que sur le bord même, et surtout à la partie convexe de l'aile, et se fondant insensiblement en brun roussâtre ou violâtre clair ; la bande du bord interne surmontée d'une large teinte d'un cendré blanchâtre qui se fond avec le brun ci-dessus. Réniforme vaguement jaunâtre, sans points noirs. Lignes nulles. Traits sous-costaux nuls ou peu sensibles. Frange précédée de petits festons bien marqués, et interrompus par des traits blancs. Ailes inférieures d'un gris foncé, uni dans les deux sexes. Frange concolore, à extrémité blanche et séparée du bord par un filet clair. Collier cendré, avec une forte bordure carmélite. Abdomen avec une crête bien épanouie, d'un brun carmélite sur le deuxième anneau, et deux autres plus petites sur les suivants.

La chenille ne nous est pas connue. Le papillon éclôt en juin. Alpes du Dauphiné ; Indre, *Maurice Sand*. Très rare.

Obs. Toutes les espèces du groupe que nous venons de décrire, sont fort difficiles à distinguer les unes des autres. Nous engageons les débutants à élever les chenilles des espèces les plus communes, et qui se trouvent partout (*Verbasci, Scrophulariæ, Lychnitis*) ; une fois ces chenilles bien connues, il sera plus facile de déterminer les autres, quand on les rencontrera.

Groupe II.

Chenilles vivant sur les Chicoracées, les Astérées
et les Carduacées.

Papillons généralement cendrés, avec quelques linéaments noirs.

Asteris, S.V., Dup., Gn.

46mm. Ailes supérieures non dentées, d'un gris cendré légèrement bleuâtre, avec la côte fortement ombrée de de brun roux, fondu intérieurement, et le bord interne longé par une bande étroite d'un brun foncé, surmontée vers l'angle interne par un trait de même couleur, limité intérieurement par un petit croissant blanc, bordé de brun, qui est l'extrémité de la coudée. Taches ordinaires plus claires, bordées de brun, souvent à peine indiquées. Ailes inférieures d'un gris bleuâtre, avec les nervures brunes, le bord marginal ombré de noirâtre et la frange blanche. Capuchon d'un gris roux, bordé de brun noir. Abdomen gris, avec une crête d'un brun noir sur les trois premiers anneaux. — ♀ semblable.

La chenille est très jolie et diffère de ses congénères par sa forme allongée et fusiforme ; elle est rayée de plusieurs couleurs ; jaune, vert, vert jaunâtre, etc. Elle vit depuis juillet jusqu'en septembre, sur la verge-d'or *Solidago virgaurea*, et sur différentes espèces de reines-marguerites, tant sauvages que cultivées. Bois et jardins. Le papillon éclôt en mai, juin et août de l'année suivante. Nord et centre de la France. Paris, Alsace, Indre, Auvergne, Saône-et-Loire, Aube, Doubs, etc. Pas rare.

Gnaphalii, Hb., Dup., Gn.

39mm. Ailes supérieures d'un gris cendré, légèrement lavé de jaunâtre, excepté à l'extrémité, avec l'espace médian rembruni, sur lequel on voit les deux taches ordinaires, qui sont irrégulières, très rapprochées, grises à centre brun. Ligne extrabasilaire anguleuse, géminée, noirâtre ; coudée visible au bord interne seulement, où elle forme un petit croissant blanc, bordé de brun des deux côtés, suivi d'un trait noir aboutissant à la frange. Bord interne finement liseré de noir. Frange grise entrecoupée de blanc. Ailes inférieures noirâtres avec la base plus claire, les nervures plus foncées et la frange blanche. Abdomen noirâtre avec de fortes crêtes noires, sur les trois premiers anneaux. — ♀ semblable.

La chenille est comme celle d'*Asteris* atténuée à ses deux extrémités ; elle est d'un vert pomme légèrement roussâtre, avec une bande dorsale d'un gris foncé roussâtre ou violâtre suivant les individus. Elle vit solitaire sur la verge-d'or, *Solidago virgaurea*. On la trouve dans le courant de juillet et dans le commencement du mois d'août. Elle se tient ordinairement collée le long d'une tige de la plante, la tête tournée par en bas. Elle se chrysalide dans une coque ovale, d'une consistance solide, formée de soie et de terre. Le papillon éclôt à la fin de mai et dans le courant de juin. Nord et centre de la France ; environs de Paris, Charente, *Delamain ;* Saône-et-Loire, *Constant*. Peu commun.

Xeranthemi, Bdv., Gn.

39m. Intermédiaire entre *Gnaphalii* et *Artemisiæ;* ailes supérieures d'un cendré bleuâtre nuagé de noirâtre, avec les deux taches peu visibles, un peu lavées de roussâtre clair, et à centre noirâtre, géminé. Lignes peu distinctes de la teinte noirâtre du disque ; extrabasilaire à angles arrondis. De petits traits terminaux, noirs. Ligne subterminale remplacée par des traits ombrés, longitudinaux, vagues. Ailes inférieures comme *Artemisiæ*, mais moins jaunâtres, à frange divisée par une ligne interrompue, noirâtre. Trois crêtes noires sur l'abdomen. — ♀ semblable.

En résumé, cette espèce diffère d'*Artemisiæ*, par la teinte plus sombre des quatre ailes, et par les taches ordinaires toujours moins marquées, plus nébuleuses, et de *Gnaphalii* par l'absence du gros trait noir de l'angle interne.

La chenille est connue, mais on ignore encore quelle est sa nourriture spéciale. Le papillon paraît en juin. Environs de Montpellier. Rare.

Artemisiæ (1), Hufn. *Abrotani*, S.V., Dup., Gn.

38m. Ailes supérieures étroites, lancéolées, à côte peu courbée au sommet, d'un cendré mêlé de noirâtre, avec les deux taches ordinaires, bien marquées, irrégulières, rapprochées, claires à centre brun et cerclées de noir. Au-dessous de ces taches une éclaircie blan-

(1) L'*Artemisiæ* des auteurs français est l'*Argentea* Hufn., espèce propre à l'Allemagne septentrionale.

châtre. Lignes visibles, noires ; l'extrabasilaire épaisse, en zigzags très profonds ; la coudée dentée, la subterminale marquée par une trainée noirâtre. Frange grise précédée d'une série de petits points noirs. Ailes inférieures d'un blanc jaunâtre avec une large bordure noirâtre, et la frange blanche. — ♀ semblable.

La chenille vit en août sur différentes espèces d'artémises, telles que : aurone, *Artemisia abrotanum ;* absinthe, *Artemisia absinthium;* armoise, *Artemisia campestris ;* ainsi que sur la camomille, *Matricaria chamomilla.* Elle ne mange que les fleurs, et se tient à la sommité de ces diverses plantes. Papillon en avril et août. Commun en Allemagne, mais rare en France. Indre, *Maurice Sand ;* nous l'avons pris dans la forêt de Villers-Cotterets.

Absynthii, L., Dup., Gn. (pl. 41, fig. 9.)

43^{m}. Ailes supérieures plus larges au sommet que chez les espèces ci-dessus et à côte assez arrondie, d'un cendré violâtre, avec les nervures et de petits linéaments plus foncés. Ligne extrabasilaire grise, très ondulée, fortement bordée de brun noir des deux côtés ; coudée plus vague, marquée inférieurement par un petit chevron noir ; subterminale vaguement indiquée par une série de taches grises, souvent peu apparentes. Taches ordinaires concolores, bien visibles, séparées par du brun noir ; l'orbiculaire avec deux ou trois points intérieurs, la réniforme avec cinq, noirs. Ces points forment deux lignes parallèles et longitudinales, et sont placés sur les nervures. Frange d'un gris roussâtre, précédée d'une série de lunules noires, bien marquées. Ailes inférieures d'un blanc jaunâtre, avec le bord marginal noirâtre, un point cellulaire gris et la frange blanche. Abdomen avec de petites crêtes noires, bien marquées. — ♀ semblable.

La chenille se trouve en automne sur l'absinthe et sur l'armoise *Artemisia vulgaris*, dont elle mange les fleurs. Le papillon éclôt en mai et en juillet de l'année suivante. Nord de la France ; assez commun en Normandie, *Boisduval ;* rare dans les autres contrées, Charente, *Delamain ;* Indre, *Maurice Sand ;* Gironde, *Trimoulet.*

ANTHEMIDIS, Bdv., Gn.

38mm. Ailes supérieures entières, élargies au sommet et coupées carrément au bord terminal, d'un cendré blanchâtre chez le mâle, grisâtre chez la femelle, avec la base et l'intérieur de la cellule teintés de roussâtre pâle. Les taches indistinctes et à peine indiquées par de rares points noirs. La ligne extrabasilaire assez visible, fortement fulgurée, croisée par un trait basilaire, long, mince et noir, qui s'avance jusqu'au fond de la dent du milieu, celle du bas empâtée de noir à son sommet au bord interne ; le bas de la coudée également visible, géminé, formant deux dents ; dans le sinus de la seconde, un trait noir fin qui va joindre le bord terminal. Quelques traits semblables au sommet de l'aile. Ailes inférieures d'un gris noirâtre, à base blanche un peu nacrée chez les deux sexes, avec les nervures plus foncées. Thorax gris, uni, avec une ligne noire sur le collier. — ♀ à parties roussâtres plus prononcées et à traits plus distincts.

Chenille inconnue. Papillon en juillet et août, vole au crépuscule sur les fleurs. *Trimoulet (catalogue)*. Découverte à Bordeaux, par M. Th. Panessac.

Nous empruntons à M. Guenée, la description de cette rare espèce, ne la connaissant pas.

Tanaceti, S.V. Dup., Gn.

46^{m}. Ailes supérieures lancéolées, arrondies au sommet, d'un blanc cendré, uni, sans lignes ni taches, avec beaucoup de linéaments gris et trois traits noirs principaux qui se suivent, savoir : une ligne fine partant de la base et s'étendant jusqu'au milieu de l'aile, suivie supérieurement d'une autre ligne plus épaisse, un peu courbe, surmontée à son extrémité d'un autre trait plus court. Ailes inférieures d'un blanc nacré, avec les nervures et une bordure fondue, noirâtres. — ♀ d'un gris plus foncé, avec la bordure des ailes inférieures plus noire, plus tranchée.

La chenille vit en août et quelquefois jusqu'en septembre sur plusieurs espèces d'absinthes, la tanaisie *Tanacetum vulgare*, la millefeuille *Achillea millefolium*, la camomille *Matricaria chamomilla*. Elle se chrysalide en terre ou à la surface dans une coque ovale, formée de fils de soie et de grains de terre. Le papillon éclôt quelquefois en septembre, mais le plus souvent, en juin et juillet de l'année suivante. Centre et midi de la France ; commun dans l'Indre et dans la Charente, *Maurice Sand, Delamain ;* Auvergne, *Guillemot ;*

Gironde, *Trimoulet :* nous avons trouvé plusieurs fois la chenille dans les jardins des environs de Paris.

Chamomillæ, S.V. Gn. *Lucifuga*, Dup.

45m. Ailes supérieures un peu dentées, lancéolées, un peu courbées à la côte, d'un gris roussâtre, avec les nervures et de petits linéaments foncés, plus ou moins nombreux, parmi lesquels on distingue les deux lignes médianes ; l'extrabasilaire fulgurée ; la coudée n'ayant de bien distinct qu'un angle au-dessus de la sous-médiane, opposé, du côté intérieur, à un angle pareil de l'extrabasilaire, dont il est séparé par une petite tache claire, et suivi du côté extérieur, d'une nuance rousse traversée par un trait terminal, brun. Taches nulles, indiquées seulement par quelques points souvent peu visibles. Ailes inférieures d'un gris roussâtre uni, à peine plus clair à la base, avec les nervures plus foncées. Abdomen avec l'anus bifide et quelques crêtes courtes et noirâtres. — ♀ semblable.

La chenille de cette espèce est très belle ; elle est d'un jaune paille clair avec une bande transversale d'un rose pourpre sur le milieu de chaque anneau ; et de chaque côté une bande longitudinale sinueuse, étranglée aux incisions, d'un vert olivâtre clair, tirant un peu sur le rose pourpre. Elle vit en juin, juillet et dans les premiers jours d'août sur les fleurs de la camomille *Matricaria chamomilla*, de la camomille puante, maroute, *Anthemis cotula*, et *arvensis*. Elle se chrysalide comme ses congénères. Le papillon éclôt en mai, juin et juillet, selon les localités. Pas très commun. Centre et midi de la France, Pyrénées-Orientales, Indre, Charente, Gironde, Saône-et-Loire, etc.

Ab. *Chrysanthemi*, Hb., Dup., Gn.

Plus obscure, surtout sur le disque, à traits noirs plus épais et plus nombreux. Espace subterminal plus clair, taches souvent mieux indiquées.

Santolinæ, Rbr., Dup., Gn.

42m. Ailes supérieures un peu dentées, élargies au sommet, d'un gris cendré, plus ou moins nuancé de brun et de blanchâtre, avec les nervures et des linéaments noirâtres. Lignes médianes distinctes, noires, fulgurées, à angles aigus, sauf la dent de la coudée, qui se trouve au-dessus de la nervure sous-médiane ; celle-ci est tronquée au sommet, et se dessine sur une tache blanchâtre, qui est suivie d'un trait noir épais, qui va toucher le bord terminal. Taches nulles. Ailes inférieures d'un brun roussâtre, plus foncé vers la frange et l'angle anal, avec les nervures brunes et la frange moitié brune et moitié blanchâtre. Abdomen muni de crêtes courtes et noires.

La chenille vit en avril et juillet sur l'*Artemisia arborea* et l'*Artemisia campestris*. Le papillon éclôt en avril et mai. Environs de Montpellier, Pyrénées-Orientales, *de Graslin*. Peu commun.

Lactucæ, S.V., Dup., Gn.

48m. Ailes supérieures très légèrement dentées, assez larges, un peu lancéolées, d'un cendré foncé un peu violâtre, uniforme, à taches ordinaires nulles, à lignes médianes distinctes, noires; l'extrabasilaire épaissie à la côte, fortement fulgurée; la coudée moins nette, fulgurée, à angles arrondis. Ombre médiane visible à la côte. Nervules plus foncées, aboutissant dans de petits sinus clairs, entre lesquels sont des traits noirs, le tout paraissant festonné. Ailes inférieures noirâtres, plus claires à la base, avec les nervures et une lunule cellulaire bien marquées, plus foncées. Frange blanche à l'extrémité. — ♀ semblable.

La chenille est luisante, comme vernissée, et ses anneaux sont saillants, moniliformes. Le fond de sa couleur est d'un blanc bleuâtre, avec une bande dorsale d'un jaune orangé, étranglée aux insicions; vient ensuite de chaque côté une large bande maculaire, noire, formée sur chaque anneau de deux taches transversales, dont l'antérieure est plus large, et la seconde élargie à sa base et située dans l'incision. Au-dessus des pattes, il y a une autre bande d'un jaune pâle, lavée d'orangé sur le milieu de chaque anneau. Les stigmates sont noirs et placés sur cette bande. La tête est noire, avec deux lignes blanches formant un V renversé. Pattes noires. Elle vit sur la laitue (*Lactuca sativa*), les laiterons (*Sonchus arvensis* et *oleraceus*), la lampsane (*Lapsana communis*), et le prenanthe des murailles (*Prenanthes muralis*); on la trouve parvenue à toute sa taille depuis la fin de juillet jusqu'au milieu de septembre; elle se chrysalide en terre dans une coque ovale, assez solide, comme la plupart de ses congénères. Le papillon éclôt en mai et juin de l'année suivante ; il se trouve dans une grande partie de la France, mais plus ou moins communément.

Nous avons décrit cette chenille ainsi que celle de la *Lucifuga*, parce que ces deux espèces sont tellement voisines à l'état parfait, qu'il est presque impossible de les distinguer, surtout avec une simple description.

Lucifuga, S.V., Gn.

Très voisine et très difficile à distinguer de la précédente. Ailes supérieures plus lancéolées, d'un gris plus foncé et plus violâtre ; les traits noirs plus fins, plus déliés ; ceux du bord terminal plus marqués et plus cunéiformes. Ailes inférieures plus foncées et plus unies ; lunule cellulaire moins marquée. — ♀ semblable.

La chenille vit en août sur le *Prenanthes purpurea*, dont elle dévore surtout les fleurs, et probablement aussi sur d'autres espèces de chicoracées. Lorsqu'elle est parvenue à toute sa taille, elle est d'un noir profond, avec une série dorsale de taches arrondies, d'un jaune orangé vif. La bande latérale est également remplacée par une série de taches plus grandes et de même couleur, dont une seule par anneau. Elle se chrysalide comme celle de *Lactucæ*. Le papillon éclôt en juin et en août ; il n'est pas rare dans les montagnes alpines, qu'il habite de préférence ; cependant il a été pris en Auvergne, par M. *Guillemot*, et en Saône-et-Loire, par M. *Constant*.

UMBRATICA, L., Dup., Gn.

50^{m}. Ailes supérieures lancéolées, d'un gris cendré, avec une teinte roussâtre, claire, au bout de la cellule ; des stries blanches au bord marginal, entre les nervures qui sont finement marquées en noir, et dont quelques-unes sont plus apparentes que les autres. Taches ordinaires simplement indiquées par quelques points ou traits noirs. Ligne extrabasilaire distincte, largement fulgurée en traits fins et noirs ; coudée moins bien indiquée. Trait basilaire fin, long, noir. Frange concolore, précédée d'une série de points allongés, noirs. Ailes inférieures blanchâtres avec les nervures noirâtres. Abdomen à crêtes grises peu distinctes. Capuchon très relevé. — ♀ d'un ton plus foncé, avec les ailes inférieures entièrement noirâtres et la base plus claire.

La chenille est d'un brun noir, avec trois rangées longitudinales de gros points d'un beau jaune orangé, dont une dorsale et deux latérales. Elle vit sur le laiteron des champs *(Sonchus arvensis)*, et le laiteron ordinaire *(Sonchus oleraceus)*. On la trouve depuis le mois de juillet jusqu'en septembre, mais difficilement, parce qu'elle se cache pendant le jour sous les feuilles les plus basses. Le papillon éclôt en mai, juin et juillet, après avoir passé l'hiver en chrysalide. Commun partout. Arbres des routes, jardins, palissades, etc.

Obs. Il existe un troisième groupe de *Cucullia*, mais ce groupe composé des espèces les plus brillantes du genre (*Argentina*, *Magnifica*, *Splendida*, etc.), appartient à la Russie méridionale.

Genre EPIMECIA, Gn.

Antennes longues, minces, garnies dans les deux sexes de cils rares, isolés, extrêmement courts et à peine perceptibles. Palpes rapprochés, droits, leur dernier article incombant, grêle et peu distinct. Spiritrompe courte. Toupet frontal sans saillie. Corps oblong et grêle. Thorax arrondi, lisse, à collier relevé. Abdomen long, lisse, presque glabre. Pattes longues, grêles, à éperons fins et longs. Ailes supérieures oblongues, minces, à frange non entrecoupée, à lignes et taches effacées, les inférieures larges et sinuées. Chenilles vives, très longues, effilées, à anneaux renflés, à tête petite, globuleuse, vivant à découvert sur les scabieuses. Chrysalides pourvues d'une gaîne ventrale, longue et linéaire, renfermées dans des coques de soie et de débris, placées à la surface de la terre.

USTULATA, Hb., Dup., Gn. (pl. 41, fig. 5.)

28^{m}. Ailes supérieures étroites, arrondies à l'extrémité, d'un cendré soyeux, avec l'espace terminal et une nuance longitudinale dans le milieu de l'aile, d'un roux ferrugineux ; sur cette nuance on aperçoit deux petits points blanchâtres, à la place des taches ordinaires. Les lignes sont à peine indiquées par quelques petits points noirs. Ailes inférieures d'un blanc luisant, avec les nervures et un liseré terminal d'un gris noirâtre. — ♀ semblable.

La chenille vit en mai et août sur la scabieuse blanche *Scabiosa leucantha*. Le papillon éclôt en juin et juillet. France méridionale. Montpellier, Lozère, *Fallou ;* Pyrénées-Orientales, *de Graslin.* Pas rare.

Genre OMIA, Gn.

Antennes courtes, moniliformes, sans aucune ciliation dans les deux sexes. Palpes courts, velus, à articles indistincts. Toupet frontal, formant une touffe subbifide entre les antennes. Thorax globuleux, velu, à collier un peu redressé. Abdomen très court, très conique dans les mâles, ovoïde dans les femelles. Ailes entières, un peu creusées à la côte, les inférieures petites, unies, noires en dessus. Chenilles inconnues.

Cymbalariæ, Hb., Dup., Gn. (pl. 42, fig. 1.)

20ᵐ. Ailes supérieures noirâtres, avec une bande médiane transverse, ondulée, d'un cendré blanchâtre, précédée et suivie d'une série de petits traits noirs, placés sur les nervures. Frange fortement entrecoupée de blanc. Ailes inférieures noires à frange blanche.

Cette jolie petite espèce habite les Alpes et les Pyrénées ; on la trouve aussi dans les environs de Lyon et en Touraine, *Rambur ;* M. *Delamain*, en a pris un exemplaire dans les environs de Jarnac (*Charente*) ; elle vole en plein jour avec beaucoup de vivacité, et se pose souvent sur les fleurs à la plus grande ardeur du soleil. Pas très rare.

Genre CLEOPHANA, Bdv.

Antennes assez courtes, dentées ou pectinées dans les mâles. Palpes ascendants, les deux premiers articles très velus, le troisième, nu, grêle et cylindrique. Toupet frontal saillant et formant une touffe bifide, entre les antennes. Thorax carré velu, crêté. Abdomen velu, crêté, terminé carrément dans les mâles, en pointe très obtuse dans les femelles. Ailes supérieures à bord terminal arrondi, à frange épanouie, fortement entrecoupées, formant à l'angle interne une dent plus ou moins sensible, à lignes médianes entières. Chenilles allongées, effilées, atténuées aux deux extrémités, à tête petite et globuleuse ; vivant à découvert sur les plantes basses. Chrysalides munies d'une gaîne ventrale, renfermées dans des coques solides fixées contre les tiges.

YVANII, Dup., Gn.

23^{m}. Ailes supérieures à côte presque droite, à bord terminal un peu coudé, d'un cendré mêlé de ferrugineux clair, surtout sur les espaces médian et subterminal. Lignes médianes noires, fines ; l'extrabasilaire formant plusieurs angles, dont celui du milieu saillant intérieurement, et joignant un autre angle formé par la coudée, de manière à diviser l'espace médian en deux parties dont le supérieur plus grand. Dans celui-ci on aperçoit à peine les deux taches ordinaires ; la réniforme consistant en une petite tache blanche appuyée contre un espace obscur, et l'orbiculaire en quelques petits points blancs, souvent nuls. Frange grise faiblement entrecoupée. Ailes inférieures grises, plus foncées au bord terminal. Abdomen lisse. — ♀ semblable.

Chenille inconnue. Papillon en mai. Basses-Alpes, environs de Digne ; Marseille. Peu commun.

ANARRHINI, Bdv., Dup., Gn. (pl. 42, fig. 2.)

23mm. Ailes supérieures, un peu creusées à la côte, à bord terminal très large, d'un jaune paille, avec les nervures brunes, rayonnant depuis la coudée jusqu'au bord terminal. Lignes d'un brun noir, rapprochées, géminées, très dentées, bordées en dehors de jaune roux. Taches ordinaires nulles. Frange entrecoupée de noirâtre. Ailes inférieures noirâtres un peu plus claires à la base, avec la frange jaune clair. Abdomen avec une crête bifide, longue, sur le troisième anneau. — ♀ semblable.

Chenille inconnue. Papillon en mai. Très jolie espèce toujours rare. Environs de Lyon ; Provence, Marseille, Aix.

DEJEANII, Dup., Gn.

22mm. Ailes supérieures creusées à la côte, à bord terminal très large ; d'un gris cendré, avec les lignes médianes fines, noires, bordées de blanc, et réunies dans leur milieu par un trait noir ; l'extrabasilaire formant un angle saillant du côté de la base ; la coudée bidentée jusqu'au dessous de la cellule, puis rentrant fortement et creusée en arc. Ces deux lignes largement bordées extérieurement de brun mordoré fondu. Tache réniforme triangulaire, brune, bordée de blanc et touchant la coudée ; orbiculaire nulle. Espace terminal rayonné de traits noirs entourés de blanc.

Ailes inférieures d'un gris noirâtre, à base plus claire. Frange blanchâtre entrecoupée de gris.

Chenille inconnue. Papillon en mai. France méridionale ; Provence, Pyrénées-Orientales. Assez rare.

ANTIRRHINI, Hb., Dup., Gn.

28mm. Ailes supérieures à côte légèrement creusée, à bord terminal large et arrondi, d'un cendré blanchâtre mélangé de gris brun, avec les deux lignes médianes très bien marquées, noires, géminées, dentées, rapprochées dans leur milieu, la coudée s'écartant par en haut pour faire place à la tache réniforme, qui est petite, noire, bordée de blanc, surtout intérieurement ; orbiculaire très apparente, ronde, noire, cerclée de blanc. Quelques rayons noirs sur les espaces terminal et subterminal. Frange longue, épanouie, fortement entrecoupée de blanc et de gris. Ailes inférieures d'un blanc enfumé, avec une large bordure, et les nervures surtout la médiane, noires. Abdomen avec trois crêtes longues, sur les trois premiers anneaux. — ♀ semblable.

Duponchel indique la Linaire (*Linaria vulgaris* ou *Antirrhinum linaria*) pour la nourriture de la chenille de cette espèce ; cependant M. de Graslin l'a trouvée dans les Pyrénées-Orientales, en juillet, avec celle de l'*Epimecia Ustulata*, sur la *Scabiosa leucantha*. Le papillon éclôt en juin. France méridionale ; Hyères ; Marseille ; Lozère ; Auvergne, *Guillemot ;* Saône-et-Loire, *Constant*. C'est la plus commune du genre.

Genre CALOPHASIA, Stph.

Antennes cylindriques, filiformes, sans aucune ciliation dans les deux sexes. Palpes presque droits, le deuxième article épais, velu, le troisième très court et tuberculeux. Toupet frontal aplati, ou peu saillant. Thorax velu, arrondi, à collier plus ou moins relevé. Abdomen velu, caréné, un peu déprimé, non crêté. Ailes entières, à lignes en parties oblitérées. Chenilles un peu allongées, atténuées aux deux extrémités, jaunes, fortement variées de taches noires, à tête petite, globuleuse, vivant à découvert sur les plantes basses. Chrysalides munies d'une longue gaîne ventrale, renfermées dans des coques pyriformes, mêlées de débris et fixées aux tiges des plantes.

LUNULA, Hufn. *Linariæ*, S.V., Dup., etc.

29mm. Ailes supérieures droites à la côte, arrondies et élargies au bord terminal, d'un cendré blanchâtre, avec l'espace médian d'un brun plus ou moins foncé. Lignes médianes nettes, blanches, bordées de noir, très rapprochées au bord interne; l'extrabasilaire coupée dans son milieu par un trait blanc; la coudée visible seulement depuis le bord interne jusqu'au milieu de l'aile, où elle paraît surmontée d'une tache blanche, en croissant, très nette, qui est la tache réniforme; l'orbiculaire figurée par un point blanc, cerclé de noir. Espace terminal avec des rayons noirs, épais, formant une bande oblique qui n'atteint pas le bord interne. Frange longue, entrecoupée de noirâtre. Ailes inférieures d'un blanc sale, avec une bordure marginale, noirâtre, et la frange blanche. — ♀ semblable, à ailes inférieures grises, et la bordure moins tranchée.

La chenille vit en juin et juillet, puis en août et septembre sur différentes espèces de linaires, principalement la *Linaria vulgaris*. Elle est d'un gris bleuâtre, avec trois bandes longitudinales d'un jaune citron vif, et beaucoup de points et de taches d'un noir de velours. Le papillon éclôt en mai et juin pour la première fois, et en septembre pour la seconde ; il aime à se reposer sur les têtes des scabieuses. Assez commun dans toute la France.

PLATYPTERA, Esp., Dup., Gn. *Tenera*, Hb.

28^m^. Très voisine de *Lunula* pour la coupe d'ailes. Ailes supérieures d'un gris blanchâtre, légèrement bleuâtre, ombré de gris à la côte, au bord interne et au bord marginal, avec des lignes fines, longitudinales, noires. Ligne coudée formant dans son milieu un angle très saillant ; la partie inférieure de cette ligne, seule bien visible. Espace médian traversé par une tache oblongue, blanche, comme chez *Lunula*. Frange blanche entrecoupée de gris. Ailes inférieures blanches entrecoupées de gris avec le bord marginal teinté de brunâtre. — ♀ plus grande, à ailes inférieures plus grises.

La chenille vit sur la linaire vulgaire, comme celle de *Lunula* à laquelle elle ressemble beaucoup. Le papillon éclôt en mai et août. Centre et midi de la France. Montpellier, Lozère, Basses-Alpes, Indre, *Maurice Sand* ;

Saône-et-Loire, *Constant;* commun dans la Charente, *Delamain.*

AB. *Olbiena*, Dup., Gn.

Taille de *Platyptera.* Ailes supérieures plus étroites, d'un gris noirâtre très foncé, avec des rayons longitudinaux d'un noir décidé, dont deux à la base et les autres au bord terminal entre les nervures. Aucune ligne transverse. Frange entrecoupée de petits traits blancs. Ailes inférieures d'un blanc sali, un peu nacré, avec les nervures et une large bande terminale noirâtre, comme chez *Lunula.* Hyères en avril. Un seul mâle connu.

OPALINA, Esp., Dup., Gn. (pl. 42, fig. 3.)

29^{m}. Ailes supérieures d'un blanc de lait, avec une bande médiane grise, plus ou moins large, de forme variable, fondue sur ses bords, limitée vers le bord interne et extérieurement, par la partie visible de la ligne coudée. Une autre bande de même couleur, descend obliquement de l'angle apical en laissant à la côte un espace subtriangulaire blanc pur, et rejoint la précédente vers le milieu de sa longueur. Sur cette bande on aperçoit la ligne subterminale qui est blanche, chargée de points noirs, et suivie d'un liseré roux. Ligne extrabasilaire quelquefois indiquée par quelques petits points noirs. Taches nulles. Frange noire entrecoupée de blanc. Ailes inférieures d'un blanc moins pur qu'aux ailes supérieures avec une bande terminale d'un gris foncé et la frange blanche. — ♀ semblable.

La chenille ressemble aussi beaucoup à celle de *Lunula;* elle vit pendant l'été et en automne sur plusieurs espèces de *Linaria* et sur le muflier *Antirrhinum majus*. Celles de l'été éclosent en août, et celles de l'automne passent l'hiver en chrysalide et éclosent au mois de mai de l'année suivante. France méridionale, Languedoc ; Pyrénées-Orientales. Commune dans la Charente, *Delamain*.

HELIOTHIDÆ, Bdv.

Antennes non pectinées, presque complètement filiformes dans les deux sexes. Palpes épais, thorax robuste, abdomen lisse, subconique, jambes munies d'épines ou d'ongles. Ailes supérieures jamais allongées ni rayonnées dans le sens de la longueur, avec les lignes et les taches ordinaires visibles. Chenilles à seize pattes égales, cylindriques, souvent moniliformes, non atténuées ; vivant à découvert sur les plantes basses dont elles mangent les fleurs et les feuilles. Chrysalides renfermées dans des coques peu solides.

Les Héliothides sont des papillons de taille petite ou moyenne, ils sont toujours très faciles à reconnaître à leurs ailes tachées de noir sur un fond clair.

Genre CHARICLEA, Kirby.

Antennes simples, légèrement moniliformes dans les deux sexes. Palpes droits, velus, à troisième article distinct. Spiritrompe longue. Thorax proéminent, avec le collier relevé en pointe obtuse, et une crête bifide à sa base. Abdomen muni d'une crête sur le premier anneau. Ailes supérieures épaisses, avec les lignes bien marquées. Chenilles rases, cylindriques, de couleurs vives ; vivant à découvert au sommet des tiges des *Delphinium*, dont elles mangent les graines.

Delphinii, L., Dup., etc. (pl. 42, fig. 4.)

31^m^. Ailes supérieures d'un beau rose tendre, avec les espaces basilaire et subterminal d'un rose vineux ou violet. Lignes médianes très distinctes, d'un ton plus clair, liserées de violet noir ; l'extrabasilaire formant trois angles obtus, dont celui du milieu plus grand et débordant les deux autres ; la coudée arrondie au sommet et dentée à sa partie inférieure. Tache réniforme concolore, mais visible ; orbiculaire souvent nulle. Espace terminal clair, bien tranché, sans ligne subterminale distincte. Frange jaunâtre. Ailes inférieures blanches, avec les nervures et une bordure noirâtres. Un peu de rose au bord terminal. — ♀ semblable, mais à ailes inférieures plus foncées.

La chenille vit depuis le mois de juin jusqu'à la fin d'août, dans les jardins, sur le pied d'alouette *(Delphinium ajacis)*, et sur celui des champs *(Delphinium consolida)*, dont elle mange les fleurs et surtout les fruits. On la trouve aussi quelquefois sur différentes espèces d'aconit (*Aconitum napellus* et *Lycoctonum*). Pour les élever avec succès, il faut les isoler, car elles sont très carnassières et dévorent même les chrysalides de celles qui se sont métamorphosées les premières. Cette belle noctuelle n'est pas rare dans les environs de Paris ; elle est moins commune dans le centre de la France, et paraît étrangère à nos départements de l'est. Mai et juin.

Genre HELIOTHIS, Och.

Antennes simples dans les deux sexes. Palpes épais, courts, droits, velus, à dernier article distinct. Thorax arrondi, velu, lissse. Abdomen un peu déprimé, non caréné, lisse, velu latéralement, obtus à l'extrémité dans les deux sexes, terminé par un faisceau de poils dans les mâles. Ailes supérieures entières, subaiguës à l'angle apical, à tache réniforme plus ou moins noircie. Chenilles allongées, moniliformes, un peu luisantes, à tête grosse, un peu aplatie, vivant sur les plantes basses dont elles préfèrent les fleurs. Points trapézoïdaux garnis de poils isolés, mais bien visibles Chrysalides enterrées.

UMBRA, Hufn. *Marginata*, Fab., Dup., Gn. (pl. 42, fig. 5.)

35^{m}. Ailes supérieures d'un jaune d'or légèrement sablé de brun rouge, avec les espaces subterminal et terminal d'un brun à reflet pourpré. Lignes médianes fines, d'un brun rouge, ainsi que le contour des taches, qui sont concolores ; coudée d'un brun violet, limitant nettement l'espace foncé terminal ; subterminale festonnée. Ailes inférieures d'un jaune clair, avec une large bande marginale et une tache discoïdale d'un brun noirâtre. Frange jaunâtre, précédée d'une ligne rougeâtre, — ♀ semblable.

La chenille vit sur la bugrane ou arrête-bœuf (*Ononis spinosa*, et sur l'*Ononis repens*), dont elle ne mange que les fleurs et les boutons. Nous l'avons trouvée une fois assez abondamment, dans un jardin des environs de Paris, sur le robinier rose (*Robinia hispida*), dont elle mangeait aussi les fleurs. Elle se tient ordinairement au pied ou sur la tige de ces plantes d'où on la fait tomber facilement. Elle se chrysalide à la fin de juillet ou au commencement d'août, et le papillon éclôt en mai ou en juin de l'année suivante. Il est plus ou moins commun dans presque toute la France.

Peltigera, S.V., Dup., Gn.

33**. Ailes supérieures d'un jaune-d'ocre plus ou moins teinté de brun jusqu'à la ligne subterminale, cette ligne terminée à la côte, près de l'angle apical, par une tache subtriangulaire d'un brun-violâtre. Lignes médianes dentées, d'un brun-rougeâtre, souvent simplement indiquées par des points, et quelquefois nulles. Tache réniforme très apparente, d'un noir bleuâtre, joignant une tache brune placée à la côte. Un point noir dans l'espace terminal près de l'angle interne. Frange d'un gris rougeâtre. Ailes inférieures d'un jaune pâle, légèrement rougeâtre, avec une large bordure marginale noirâtre, dans le milieu de laquelle on voit deux petites taches grises, souvent réunies. Frange blanchâtre. — ♀ semblable.

La chenille vit en juin et juillet sur la jusquiame

(*Hyoscyamus niger*), *Stainton ;* MM. Guillemot et Bellier l'ont trouvée sur le *Senecio viscosus* et M. Trimoulet sur l'ajonc-marin (*Ulex europeus*) dont elle mangeait les racines. Elle est carnassière comme celle de *Delphinii*. Le papillon se trouve depuis le mois de mai jusqu'en septembre ; il vole en plein soleil et se pose souvent sur les fleurs de chardon. Commun dans le midi de la France, mais plus rare dans les autres localités.

Armigera, Hb., Dup., Gn.

38m. Assez variable pour la couleur des ailes supérieures, qui est ordinairement d'un ocracé brunâtre assez clair, et quelquefois d'un brun plus ou moins foncé, avec l'espace subterminal formant une bande plus obscure. Lignes médianes brunes, peu marquées ; l'extrabasilaire très ondulée ; la coudée festonnée ainsi que l'ombre médiane. Tache orbiculaire indiquée par un petit point ; réniforme peu marquée. Pas de point noir à l'angle interne. Ailes inférieures d'un jaune pâle avec une large bordure terminale, les nervures et un trait cellulaire noirâtres.

Cette espèce se distinguera toujours facilement de *Peltigera*, par le dessous des ailes supérieures qui ont deux points noirs, tandis que celle-ci n'en a qu'un. — ♀ semblable.

La chenille vit sur différentes espèces de plantes, telles que plantain, ajonc-marin, tabac, feuilles et fleurs de courge, de luzerne ; elle cause souvent de grands dommages dans les champs de maïs et de chanvre, dont elle dévore les graines ; elle vit aussi sur le réséda jaune (*Reseda lutea*) *Stainton*.

Cette chenille a la mauvaise réputation d'être encore plus carnassière que ses congénères. On la trouve en août et en septembre. Le papillon éclôt depuis le mois de juin jusqu'en septembre. Il est commun dans le midi de la France, mais se trouve néanmoins un peu partout.

DIPSACEA, L., Dup., Gn.

30m. Ailes supérieures d'un ocracé olivâtre, avec deux bandes transverses, se réunissant inférieurement, d'un brun roussâtre. Ces deux bandes vagues, la première entière, foncée dans toute sa longueur, contenant la tache réniforme, qui est grande ; la seconde plus claire, souvent interrompue dans son milieu. Orbiculaire indiquée par un point. Lignes fines, très souvent formées de points. Frange brune. Ailes inférieures d'un blanc légèrement verdâtre, avec la base, une grande tache cellulaire et une large bordure noires ; cette dernière ornée dans son milieu, près du bord terminal, d'une tache allongée, de la couleur du fond. — ♀ semblable, souvent plus brune.

La chenille vit sur un foule de plantes basses et principalement sur les linaires. On la trouve en mai et juin, puis en août et septembre. Le papillon paraît en juin, puis en juillet et août ; il vole en plein jour, avec assez de rapidité, mais d'un vol peu soutenu. Il est commun dans les champs de trèfle et de luzerne, ainsi que dans les endroits arides où croissent les chardons.

Maritima, Graslin, H.S. *Spergulariæ*, Led.

Voisine de *Dipsacea*, mais très variable pour la couleur et pour la taille. Ailes supérieures d'un vert olivâtre clair ou grisâtre, avec deux bandes parallèles, d'un brun roux, tirant quelquefois sur la couleur de rouille ou sur le noirâtre ; la première de ces bandes est large, foncée, elle est moins sinueuse que chez *Dipsacea* et s'avance du côté du corps, en faisant une courbe en arrivant au bord interne ; la seconde bande est ordinairement un peu plus claire dans son milieu et plus foncée vers l'angle apical. Tache réniforme assez grande et arrondie, quelquefois noirâtre, mais souvent peu visible ; orbiculaire ronde, non liserée, d'une teinte plus claire que la couleur du fond, placée entre quatre très petits points de la couleur des bandes. Lignes peu visibles, punctiformes. Ailes inférieures d'un blanc verdâtre, avec les mêmes dessins que *Dipsacea*. ♀ semblable.

Indépendamment du type que nous venons de décrire, M. de Graslin donne la description de deux variétés, dont une a les ailes supérieures couleur de rouille un peu grisâtre, avec deux bandes d'un brun rouge ; l'autre a le fond des premières ailes d'un *jaune gris pâle roussâtre*, avec les bandes, surtout la première d'une couleur de rouille brunâtre.

En résumé, cette espèce diffère de *Dipsacea* par la couleur de ses ailes supérieures, plus foncée, plus variable, plus unie, par la bande médiane plus tranchée et assez nettement limitée des deux côtés. Enfin le dernier article des palpes est nu, d'un brun noir, tandis que ce même article est comme les autres chez *Dipsacea*.

La chenille vit à découvert des graines des *Spergularia marina* et *media* en juillet et août. Le papillon éclôt en juin de l'année suivante, et a probablement une seconde génération la même année. Il a été découvert par M. de Graslin, sur la côte du département de la Vendée.

ONONIS, S.V., Dup., Hub. *Ononidis*, Gn.

25^{m}. Cette espèce ressemble beaucoup à *Dipsacea*, mais elle est toujours beaucoup plus petite. Ailes supérieures d'un ocracé olivâtre, avec trois bandes transverses d'un brun noirâtre ; la première, à partir de la base, est la plus large et la plus foncée ; elle est légèrement arquée et contient la tache réniforme, qui est grande, ovale et noire ; la seconde bande est plus étroite, moins foncée et étranglée dans son milieu ; enfin la troisième occupe l'espace terminal et est séparée de la seconde par une ligne de la couleur du fond, qui est la subterminale. Tache orbiculaire indiquée par un point sombre. Base de l'aile teintée de brun. Frange grise. Ailes inférieures d'un blanc verdâtre, avec la base, une tache carrée dans son milieu et une large bordure marginale noires. Cette bordure est ornée d'une tache de la couleur du fond, comme chez *Dipsacea*. On pourrait dire que ces ailes sont noires, avec trois taches d'un blanc verdâtre. — ♀ semblable. La chenille vit pendant l'été sur la bugrane (*Ononis spinosa*) et aussi dit-on sur la sauge des prés (*Salvia pratensis*). Le papillon a été pris en Auvergne dans les champs de la Limagne en mai, *Guillemot ;* dans les environs de Huningue en juillet, *Gerber ;* dans les prairies de Vendenheim et à Saverne (*Bas-Rhin*) où il est assez commun, *de Peyerimhoff*. Toujours assez rare.

SCUTOSA, S.V., Hb., Gn.

31ᵐ. Ailes supérieures, d'un blanc sale, plus ou moins teinté de jaunâtre ou de grisâtre, avec la côte, le bord interne, la base, les espaces terminal et subterminal, et les deux taches ordinaires noirâtres ; ces taches très grandes, bordées de noir ; l'orbiculaire appuyée sur une autre tache semblable, ce qui lui donne à peu près la forme d'un 8. Ligne subterminale bien marquée, blanchâtre, plus épaisse à ses deux extrémités. Toute la surface de l'aile, excepté l'espace terminal, est en outre, traversée par les nervures, qui sont blanches. Frange grise, précédée d'une ligne de points noirs et blancs. Ailes inférieures plus blanches que les supérieures avec un gros point cellulaire noir, suivi d'une ligne flexueuse, puis d'une large bordure noirâtre. Sur cette bordure deux ou trois points blanchâtres. — ♀ semblable.

La chenille vit sur l'armoise des champs (*Artemisia campestris*) ; premièrement, depuis le commencement de mai jusqu'à la mi-juin ; et ensuite depuis la fin d'août jusqu'à la mi-septembre. Elle se chrysalide dans une coque très fragile, composée de grains de terre. Le papillon éclôt au bout d'un mois, lorsqu'il provient des chenilles de la première époque ; et en avril ou mai de l'année suivante pour celles de la seconde époque. Il n'est pas rare dans le midi de la France.

Genre ANTHŒCIA, Bdv.

(Heliothis Tr.)

Antennes simples. Palpes courts, velus, à dernier article caché par les poils du précédent. Spiritrompe longue. Thorax robuste, arrondi, très velu. Abdomen court, épais, conique, garni de poils sur les côtés, terminé par une brosse de poils dans les mâles, et par une tarière ou oviducte linéaire dans les femelles. Chenilles allongées, ponctuées, à tête petite, globuleuse, vivant aux dépens des fleurs et des graines des plantes de la syngénésie, au centre desquelles elles se tiennent presque toujours cachées. Chrysalides enterrées ou contenues dans le calice des fleurs.

CARDUI, Hb., Dup., Gn. (pl. 42, fig. 6.)

21ᵐ. Ailes supérieures étroites, à côte creusée, prolongées à l'angle apical, d'un brun olivâtre, avec l'espace terminal et une bande médiane d'un jaune d'ocre clair. Sur cette bande, on voit la tache réniforme qui est brune, rectangulaire, et touche la côte. Ailes inférieures noires, avec une bande médiane étroite, irrégulière, n'atteignant pas le bord abdominal, d'un blanc jaunâtre.

La chenille vit en juillet et août sur plusieurs chicoracées, particulièrement sur la *Picris hieracioides*. Papillon en juillet de l'année suivante. Ouest de la France. Assez rare.

Genre ANARTA, Tr.

Antennes minces, veloutées ou brièvement pubescentes dans les deux sexes. Palpes droits, courts, velus, à troisième article distinct, mais également velu. Tête petite, enfoncée dans le thorax qui est globuleux, court, garni de poils écailleux. Abdomen court, très velu dans les deux sexes. Ailes épaisses, veloutées, à dessins mêlés, à frange entrecoupée. Les inférieures à bordure noire. Chenilles courtes, rases, cylindriques, vivant à découvert sur les plantes ligneuses. Chrysalides contenues dans des coques de soie mêlées de terre.

Les papillons de ce genre sont de petite taille et fort jolis ; ils volent en plein jour assez rapidement et à la plus grande ardeur du soleil.

MELANOPA, Thnb., Gn., *Tristis*, Dup.

25^{m}. Ailes supérieures d'un gris légèrement verdâtre, avec toutes les lignes bien marquées et noires ; l'extrabasilaire épaisse, formant trois courbes, la coudée dentée, très rapprochée de la subterminale qui est ondulée et surmontée de traits cunéiformes noirs, dont deux très distincts, vis-à-vis de la cellule. Tache réniforme confondue avec les traits noirs de l'ombre médiane ; orbiculaire petite, arrondie. Frange entrecoupée. Demi-ligne distincte, et entre cette ligne et l'extrabasilaire, un espace plus clair que le fond, chargé de deux points noirs. Ailes inférieures noirâtres, avec une large bordure confuse, plus foncée. Frange blanchâtre. — ♀ ordinairement plus grande et plus obscure.

Chenille inconnue. Papillon en juillet. Alpes de la Savoie. Mont-Cenis, *Fallou*. Pas rare.

Funesta, Payk., *Funebris*, Hb., Dup., Gn.

27ᵐ. Ailes supérieures arrondies, d'un gris noir soyeux et brillant, avec les lignes médianes très noires, sinuées, presque parallèles, épaisses, et tout l'espace qui les sépare rempli de noir inférieurement. Ligne subterminale écartée, peu marquée. Taches ordinaires concolores, peu visibles ; réniforme un peu salie de noir dans son milieu. Frange concolore. Ailes inférieures noires, avec la base un peu plus claire, sans bordure ni lunule. Frange blanche.

Chenille inconnue. Papillon en juillet ; Alpes de la Savoie, Chamouny. Très rare.

Cordigera, Thnb., Dup., Gn.

27ᵐ. Ailes supérieures d'un gris légèrement bleuâtre, avec l'espace médian d'un gris noirâtre. Ligne subterminale surmontée de traits cunéiformes, noirâtres. Tache réniforme assez grande, blanche, se détachant nettement ; orbiculaire petite, concolore, bordée de noir. Frange entrecoupée de gris clair. Ailes inférieures jaunes, avec une bordure noire, pas très large et nettement coupée. Frange blanchâtre. — ♀ semblable.

La chenille vit en août sur l'airelle veinée (*Vaccinium uligiosum*). Le papillon paraît en mai de l'année suivante. Pas très rare.

Nous n'avons aucune certitude que cette jolie espèce ait été trouvée en France, mais comme elle habite la Suisse, il est probable qu'elle doit se trouver aussi dans les Alpes de la Savoie.

Myrtilli, L., Dup., Gn. (pl. 42, fig. 7.)

22 à 25^{m}. Ailes supérieures légèrement creusées à la côte, d'un rouge porphyre mêlé de jaunâtre, avec les lignes très distinctes, un peu dentées ; les deux médianes brunes, bordées de jaunâtre ; la subterminale blanchâtre et très ondulée. Une tache blanche plus ou moins étendue, entre les deux taches ordinaires qui sont petites et concolores. Frange entrecoupée de jaune. Ailes inférieures jaunes avec une large bordure noire. Frange jaune.

On trouve la chenille depuis le mois de juin jusqu'en octobre presque sans interruption, sur la bruyère commune (*Calluna vulgaris*). Elle est commune et facile à élever. On se la procure facilement en fauchant sur les bruyères. Le papillon vole assez rapidement pendant le jour, depuis le mois de mai jusqu'en septembre ; mais il est souvent fané. Toute la France.

Genre HELIODES, Gn.

(*Heliaca*, H. S.)

Antennes courtes, sétacées dans les deux sexes. Palpes courts, à articles peu distincts. Tête petite, saillante. Corps très grêle, thorax globuleux, velu ; abdomen atteignant à peine les ailes inférieures, lisse, peu velu. Ailes supérieures larges, minces, à angle apical aigu ; les inférieures jaunes à bordure noire. Chenilles courtes, épaisses, cylindriques, à tête petite, se tenant au sommet des plantes dont elles mangent les fleurs et les fruits. Chrysalides enterrées.

TENEBRATA, Scop., *Heliaca*, S.V., Dup., *Arbuti*, Fab., Gn. (pl. 42, fig. 8.) .

19mm. Ailes supérieures triangulaires, d'un brun marron avec un léger reflet pourpré. Lignes et taches peu apparentes. Frange d'un jaune clair, avec le milieu et les deux extrémités, noirâtres. Ailes inférieures d'un jaune orangé avec la base et une large bordure noires.

La chenille vit en juin sur le *Cerastium arvense*, dont elle mange les capsules. Cette jolie petite espèce ne vole qu'en plein jour ; elle est commune en avril et mai dans les prairies et les clairières des bois.

JOCOSA, Zeller., Gn. *Arbutoides*, Bellier.

Voisine de la précédente ; taille un peu plus grande, ailes supérieures d'un ton plus rouge, la frange plus jaune. *Ailes inférieures d'un beau jaune orangé, saupoudrées d'un peu de noir à la base*, avec une bordure noire, qui s'étend au quart environ de leur largeur.

Cette espèce dont la chenille est inconnue a été découverte en Sicile ; mais M. de Graslin en a pris un individu, volant au soleil à une grande élévation, dans les Pyrénées-Orientales en mai.

Genre HÆMEROSIA, Bdv.

Antennes courtes, épaisses, pubescentes, assez longues dans les mâles, plus courtes dans les femelles. Palpes saillants, le deuxième article long, épais, le troisième nu et court. Spiritrompe nulle. Thorax court, globuleux, squammeux. Abdomen peu velu, court, obtus à l'extrémité. Ailes supérieures larges, à frange longue ; les supérieures à tache réniforme très distincte, à sommet aigu. Chenilles à seize pattes égales, courtes, cylindriques, atténuées aux extrémités, à tête petite, vivant au sommet des plantes basses, dont elles mangent les fleurs et les boutons. Chrysalides renfermées dans de petites coques ovoïdes et enterrées.

RENALIS, Hb., Gn., *Renigera*, Dup. (pl, 42, fig. 9.)

21m. Ailes supérieures d'un rouge de brique pâle, avec l'espace médian et la frange plus foncés. Lignes médianes brunes, éclairées de blanc, presque parallèles ; l'extrabasilaire souvent peu marquée ; la coudée bien écrite surtout à sa partie inférieure. Tache réniforme contiguë à cette ligne, blanche, très saillante, en forme de croissant ; orbiculaire souvent réduite à un point foncé, quelquefois nulle. Ailes inférieures de la couleur des supérieures, avec un filet terminal plus foncé. — ♀ semblable.

La chenille vit au milieu des fleurs de certaines

Lactuca et autres plantes du même groupe, où elle reste cachée depuis l'instant de sa naissance. Ces plantes sont la *Chondrilla juncea*, les *Lactuca ramosissima*, *florida*, *sylvestris*, etc., dont elle dévore les étamines qui paraissent être sa seule nourriture. Les chenilles recueillies à la fin de septembre et en octobre, se métamorphosent sur l'arrière-saison et éclosent vers le printemps suivant. On trouve, en outre, l'insecte parfait, assez abondamment en août et septembre, ce qui fait supposer deux générations par an. *Pierre Millière*. Midi de la France, Marseille, Montpellier, Hyères, Celles-les-Bains (*Ardèche*). Cette espèce est encore peu répandue, quoique commune dans les lieux où elle vit.

ACONTIDÆ, Bdv.

Antennes moyennes, minces, filiformes dans les deux sexes. Thorax large, globuleux, à collier court, arrondi ; abdomen peu velu, non déprimé. Ailes épaisses, squammeuses, un peu luisantes. Au repos, les supérieures couvrant entièrement les inférieures et disposées en toit très incliné.

Chenilles à dix, douze ou quatorze pattes, effilées, un peu renflées postérieurement. Chrysalides enterrées.

Genre AGROPHILA, Bdv.

Antennes courtes, minces, sétacées. Palpes courts, droits, le dernier article conique, épais, peu distinct du précédent. Thorax globuleux, lisse, à collier assez large. Abdomen long, lisse, caréné, subconique dans les mâles. Ailes supérieures oblongues, lisses, à franges longues. Les inférieures unicolores en dessus. Chenilles rases, effilées, à tête petite, globuleuse, n'ayant que deux paires de pattes ventrales, vivant dans les lieux secs, sur les plantes basses. Chrysalides dans de petites coques de terre.

Sulphuralis, L., Gn. *Sulphurea*, S.V., Dup. (pl. 42, fig. 10.)

20^{m}. Ailes supérieures d'un jaune soufre, avec une série subterminale de taches inégales, plus ou moins contiguës, suivie d'une bandelette transverse, ondée, à laquelle viennent aboutir deux lignes épaisses, longitudinales, l'une au bord interne, l'autre au-dessus, surmontée de cinq points, le tout noir. Ailes inférieures noirâtres à frange jaune. Abdomen jaune zôné de noir.

La chenille vit en juillet sur les liserons (*Convolvulus arvensis* et *sepium*). Le papillon est commun partout, au printemps et en automne ; il vole à l'ardeur du soleil, sur les chardons et dans les champs de luzerne.

Genre ACONTIA, Tr.

Antennes courtes, cylindriques. Palpes courts, rapprochés, subascendants, à deuxième article renflé, le troisième très court, conique. Spiritrompe moyenne. Tête petite. Thorax globuleux, lisse, squammeux. Abdomen grêle, cylindrique, lisse, terminé en pointe obtuse. Ailes supérieures assez larges, à frange longue, double, bicolore, marbrées de blanc et de noir ; les inférieures à bord flexueux. Chenilles n'ayant que deux paires de pattes membraneuses, très longues, très effilées, vivant sur les plantes basses. Chrysalides renfermées dans de petites coques de terre.

Lucida, Hufn. *Solaris*, S.V., Dup., Gn. (pl. 42, fig. 11.)

26^{m}. Ailes supérieures avec la base blanche marquée d'un point basilaire noir, et de quelques nuages d'un gris bleuâtre ; le reste de l'aile d'un brun noirâtre mêlé de gris et de quelques taches noires, avec une grande tache costale carrée et blanche. Moitié inférieure du bord terminal blanche, chargée d'une série de taches irrégulières d'un gris plombé. Tache réniforme petite, très fine, blanchâtre, en forme de 8. Frange ayant sa moitié inférieure blanche. Ailes inférieures blanches à la base, avec trois ou quatre rayons noirâtres et une large bordure marginale noire. Thorax d'un gris plombé. Abdomen plombé, zôné de gris foncé. — ♀ semblable.

La chenille vit en juin et septembre sur les *Convolvulus*. Le papillon éclôt en mai et juin pour la première fois, et en juillet et août pour la seconde ; il aime à voler à la grande ardeur du soleil dans les endroits secs et arides, principalement dans ceux où croît le chardon roulant (*Eryngium campestre*). Assez commun partout.

Albicollis, Fab.. Gn. *Solaris*, Var. ♀, Dup.

Très voisine de *Lucida ;* même taille et mêmes dessins ; tache blanche de la base plus grande, formant un angle plus allongé, sans nuages gris bleuâtres. Ailes inférieures blanches, sans, ou avec quelques rudiments de rayons noirs, bordure marginale plus étroite et moins dentée intérieurement que chez *Lucida*. Thorax et abdomen blancs.

Il nous paraît certain aujourd'hui que cette espèce n'est qu'une variété de la précédente ; nous l'avons obtenue de la même chenille, mais elle nous a paru plus commune en été qu'au printemps.

Ab. *Isolatrix*, Hb., Gn.

Taches noires du disque des supérieures, visibles seulement par les taches ocracées qu'elles recouvrent d'ordinaire ; angle apical avec une grande tache noire qui s'étend sur la frange et à l'angle interne en avant de la subterminale. Quelques petites taches noirâtres, dont deux à la côte à l'origine des lignes. Bordure des inférieures plus étroite, sans trace de noir sur le disque. France méridionale. Plus rare que le type.

Nous avons pris cette Ab. dans un jardin inculte, mais garni de mauves, à St-Mandé, en août ; en compagnie des deux précédentes.

Viridisquama, Gn.

30^{m}. Ailes supérieures d'un brun noir, avec les espaces basilaire et médian couverts d'écailles longues et espacées d'un vert clair ; lignes nulles, indiquées seulement à la côte par trois traits blancs. Tache réniforme vague, un peu plus pâle, avec un trait noir au centre. Ligne subterminale vague, composée d'écailles vertes. Frange concolore, avec deux larges places d'un blanc verdâtre, devant lesquelles on voit des écailles vertes au bord terminal. Ailes inférieures arrondies, d'un noir uni, avec la frange d'un blanc verdâtre.

Cette espèce encore peu connue habite l'Espagne (*environs de Madrid*). Elle a été trouvée dans les Pyrénées-Orientales à une hauteur moyenne, par M. de Graslin. La chenille non encore décrite vit en juillet sur une espèce de *malvacée*, et le papillon éclôt en juin de l'année suivante.

Luctuosa, S.V., Dup., Gn.

24^{m}. Ailes supérieures d'un noir plus ou moins marbré de brun et de bleuâtre, avec une grande tache blanche, allongée, à la côte. Cette tache quelquefois teintée de rosé. Lignes fines, noires, souvent peu visibles ; la subterminale formée de taches noires entremêlées d'un peu de blanc. Frange blanche, entrecoupée de gris dans son milieu seulement. Ailes inférieures noires, avec une bande transverse blanche, plus ou moins large, étranglée dans son milieu et un petit point blanc au bord marginal. Frange blanche avec un peu de noir dans son milieu. Abdomen brun noir zôné de gris.

La chenille vit en mai et juin sur les liserons, et selon M. Trimoulet sur le plantain et la mauve. Le papillon éclôt en mai, juin, juillet, août et septembre, il vole au soleil, dans les terrains calcaires et arides. Commun.

ERASTRIDÆ, Gn.

Les Erastrides à l'état parfait sont de jolis petits papillons qui rappellent beaucoup les géomètres, mais qui n'en ont pas moins le facies général et tous les caractères des noctuelles. Les taches et les lignes ordinaires sont généralement bien marquées, l'abdomen porte presque toujours des crêtes très développées. Enfin le port des ailes au repos, est celui de toutes les noctuelles, excepté que les supérieures, tout en recouvrant les inférieures, ne forment qu'un toit fort écrasé. (Guenée.)

Genre ERASTRIA, Tr.

Antennes simples dans les deux sexes. Palpes arqués, dépassant de beaucoup la tête, le deuxième article coupé obliquement à son extrémité, le troisième, long, nu et cylindrique. Spiritrompe médiocre. Thorax lisse et arrondi. Abdomen crêté dans les deux sexes. Pattes longues, glabres. Chenilles n'ayant que quatorze pattes, marchant comme les géomètres, allongées, rayées longitudinalement, à tête petite. Elles vivent à découvert sur les arbrisseaux. Chrysalides renfermées dans des coques placées dans la mousse ou entre les feuilles.

VENUSTULA, Hb., Dup., Gn.

20mm. Ailes supérieures d'un blanc grisâtre nuancé de rosé, avec l'espace terminal et la moitié inférieure de l'espace médian bruns, ces parties brunes occupant la moitié inférieure de l'aile à partir de l'angle apical jusqu'au bord interne près de la base. Lignes blanches, très sinueuses ; l'extrabasilaire visible seulement près du bord interne ; la coudée très distincte dans toute sa longueur ; la subterminale interrompue dans son milieu par deux points noirs. Taches nébuleuses, bordées de blanc et séparées par une tache noire. Frange d'un brun doré luisant. Ailes inférieures grises ainsi que la frange. — ♀ semblable.

Chenille inconnue. Papillon en juin et juillet. Nous l'avons pris plusieurs fois le soir, voltigeant autour des buissons de genévriers, dans la forêt de Fontainebleau ; mais la chenille ne vit certainement pas sur cet arbre. Indre, *Maurice Sand ;* environs d'Autun, *Constant :* Doubs, *Bruand.* Rare.

Scitula, Rbr., Dup., Gn.

14m. Ailes supérieures très arrondies, grises, avec l'espace basilaire blanc, et l'espace médian envahi par une nuance noirâtre. Ligne coudée blanche, arrondie et sinuée ; subterminale semblable, élargie au-dessous de l'angle apical, en une place blanche, derrière laquelle on voit une tache marron, marquée d'un zigzag gris blanc et de points noirs. Taches ordinaires indiquées par quelques écailles noires. Frange brunâtre dans sa moitié supérieure. Ailes inférieures grises à base plus claire et à frange blanchâtre.

Chenille inconnue. Papillon en août. Provence, Pyrénées-Orientales, *de Graslin.* Très rare.

Deceptoria, Scop. *Atratula,* S.V., Dup., Gn. (pl. 42, fig. 12.)

22m. Ailes supérieures blanches, avec l'espace terminal et une large bande médiane très échancrée sur ses bords, noirs ou noirâtres. Sur cette bande on voit les taches ordinaires qui sont concolores et bordées de blanc ; la claviforme est blanche, bordée de noir foncé. Une tache noirâtre à la côte dans l'espace subterminal, et quelques atomes gris dans l'espace basilaire. Frange entrecoupée de blanc et de noirâtre. Ailes inférieures grises, traversées par deux lignes blanchâtres, ondulées, parallèles, et un point discoïdal noirâtre. — ♀ semblable.

Chenille en août sur différentes plantes basses et arbustes. Papillon en mai et juin. Nord de la France ; environs de Metz, Alsace, environs de Strasbourg, de Colmar, de Mulhouse ; Indre, *Maurice Sand ;* Auvergne, *Guillemot ;* Aube, forêt de Clairvaux, *Jourdheuille ;* Paris, *Goosens ;* Doubs, *Bruand.* Pas très commun.

Candidula, S.V., Dup., Gn.

22mm. Taille et facies de l'espèce précédente. Ailes supérieures d'un blanc plus ou moins teinté de rosé, avec deux taches triangulaires, l'une noirâtre dans l'espace médian, s'étendant depuis la côte jusque au-dessous de la tache réniforme, l'autre d'un brun clair situé au bord interne ; ces deux taches laissant entre elles une bande oblique de la couleur du fond. Une autre tache noirâtre à la côte, entre la ligne basilaire et la ligne extrabasilaire ; toutes ces lignes fines, brunâtres, ondulées. La tache réniforme est située dans l'espace triangulaire noirâtre de la côte, elle est d'un gris de fer et entourée de taches très noires ; l'orbiculaire nulle. Frange grise, précédée d'une série de petits traits noirs. Ailes inférieures d'un blanc sale, luisantes, avec une ligne médiane peu marquée. Frange concolore. — ♀ semblable.

Nous ne connaissons par la chenille de cette espèce ; il est probable qu'elle a les même mœurs que *Deceptoria* ; le papillon se trouve en juin et juillet. France centrale, environ de Chartres, *Guenée* : Alsace, *de Peyerimhoff* ; Grenoble, Pontarlier. Assez rare.

Pygarga, Hufn. *Fuscula*, S.V., Dup., Gn.

24m. Ailes supérieures d'un brun noirâtre, avec toute la partie inférieure des espaces terminal et subterminal blanchâtre. Sur la partie noirâtre de l'aile, on voit les lignes ordinaires, qui sont noires, flexueuses, géminées, à filets écartés ; la subterminale est blanchâtre, visible seulement à sa partie supérieure, où elle est précédée de deux ou trois traits sagittés noirs. Les taches ont leur contour blanchâtre, cerclé de noir ; elles sont séparées par un trait épais, noir. Frange entrecoupée, précédée d'une série de petits traits noirs, dont un plus gros dans le milieu. Ailes inférieures noirâtres, unies. — ♀ semblable.

La chenille vit en août et septembre sur diverses espèces de ronces. Le papillon éclôt en juin et juillet ; il se tient volontiers appliqué contre le tronc des arbres chargés de mousses et de lichens. Commun partout.

Var. *Guenei*. Fallou, A. S. E. F. 1864.

22m. Diffère de *Pygarga*, par sa taille plus petite ; par sa couleur d'un brun de bois clair, *sans tache blanche au bord terminal* ; par les trois taches ordinaires qui se détachent en couleur très claire et presque blanche ; par la ligne coudée qui est suivie au bord interne d'une large éclaircie dans laquelle vient se perdre la subterminale qui est vague et simplement accusée en clair. Ailes inférieures d'un brun clair, uniforme.

Basses-Pyrénées, *Fallou* ; Dax, *Lafaury*.

Genre BANKIA, Gn.

Antennes faiblement pubescentes dans les deux sexes. Abdomen mince, non crêté. Ailes supérieures un peu prolongées à l'angle apical, dépourvues des lignes et des taches ordinaires, mais marquées de bandes très distinctes. Chenilles rases, allongées, rayées longitudinalement, ayant deux paires de pattes ventrales et seulement les rudiments d'une troisième. Vivant sur les plantes basses. Chrysalides renfermées dans de petites coques ovoïdes, à la surface de la terre.

BANKIANA, Fab. *Argentula*, Hb., Dup., Gn. (pl. 43, fig. 1.)

22m. Ailes supérieures d'un vert olive uni, traversées par deux bandes étroites, obliques, d'un blanc argentin, la première liée à la côte à un petit trait de même couleur, un autre petit trait à l'angle apical, et une ligne subterminale, blancs. Ailes inférieures grises, avec une partie du disque, et une petite ligne à l'angle anal blanchâtre. — ♀ à ailes inférieures un peu plus grises.

La chenille vit en août et septembre sur les graminées. Le papillon éclôt en mai, juin et juillet, selon les localités ; il vole en plein jour dans les clairières et les endroits herbus, humides et marécageux. Peu répandu, mais commun en Alsace, et aux environs de Paris.

ANTHOPHILIDÆ, Dup.

Antennes courtes, simples dans les deux sexes. Palpes de formes variées, et dépassant toujours le front. Spiritrompe bien développée. Thorax court, globuleux. Ailes supérieures larges et dépourvues de taches ordinaires. Chenilles lisses, effilées, ayant douze ou quatorze pattes, vivant sur les plantes basses. Chrysalides renfermées dans des coques légères, entre les mousses.

Les papillons de cette famille, sont les plus petits de toutes les noctuelles ; ils volent en plein jour sur les collines sèches et chaudes, parmi les herbes, ou dans les endroits marécageux. Ils sont généralement propres aux contrées méridionales de l'Europe.

Genre HYDRELIA, Gn.

Antennes courtes, à peine pubescentes dans les deux sexes. Palpes courts, arqués, à dernier article court et tronqué. Thorax court, globuleux. Abdomen obtus, caréné, épais et arrondi dans les femelles. Ailes arrondies, à frange longue, à taches distinctes, en toit très incliné dans le repos.

Numerica, Bdv., Gn., Rbr.

28m. Ailes supérieures d'un gris olivâtre uni, avec quatre lignes continues, très sinueuses, presque parallèles, et un feston terminal très denté, d'un blanc d'argent très vif. Taches ordinaires très visibles, noirâtres, pleines, fortement cerclées de blanc ; l'orbiculaire assez grande et très arrondie ; la réniforme en 8, contiguë à la coudée. Frange fortement entrecoupée de blanc à l'extrémité des dents du feston, et divisée par une fine ligne blanche. Ailes inférieures d'un gris très pâle dans les deux sexes, avec des lunules terminales plus foncées et la frange blanche à l'extrémité. — ♀ semblable. *(Guenée.)*

Cette rare espèce que l'on ne connaissait que de Corse et du Midi de l'Espagne, a été découverte, ainsi que sa chenille, aux environs de Carcassonne (*Aude*), par notre collègue, M. Paul Mabille. La chenille vit de mai à juillet, sur des plantes aromatiques, et le papillon a plusieurs générations par an.

UNCANA, L,, *Unca*, S.V., Dup., Gn. (pl. 43, fig. 3.)

23^{m}. Ailes supérieures brunes, plus claires au bord interne, avec la côte bordée d'une large bande jaunâtre, liserée de blanc intérieurement et liée à la tache réniforme qui est jaune, bordée de blanc, et se détache très nettement sur la partie brune. Ligne coudée, légèrement courbe, éclairée de blanc, suivie de deux lignes foncées, peu distinctes, et d'un filet terminal brun. Ailes inférieures d'un gris foncé uni, avec la frange plus claire et divisée en deux. — ♀ semblable.

Chenille verte, effilée, avec une ligne latérale blanche ; vit en août sur les *Carex* qui croissent dans les prés marécageux. Papillon en juin, dans les mêmes lieux que sa chenille. Répandu un peu partout, sans être très commun.

Genre LEPTOSIA, Gn.

(Thalpochares, Ld.)

Antennes courtes, minces. Palpes ascendants, arqués, comprimés, à dernier article très distinct. Corps grêle. Thorax arrondi. Abdomen un peu déprimé, non caréné, lisse, cylindro-conique, et presque semblable dans les deux sexes. Ailes supérieures larges, minces, à frange longue, très squammeuse ; à taches et lignes assez distinctes ; les inférieures participant des mêmes dessins.

VELOX, Hb., Gn. (pl. 43, fig. 3.)

19ᵐ. Ailes supérieures un peu arrondies au bord terminal, d'un gris clair mêlé de jaunâtre et de bleuâtre. avec quatre lignes transverses, fines, ondulées, parallèles, noires, bien marquées à la côte par des taches triangulaires. Taches ordinaires noirâtres ; l'orbiculaire punctiforme ; la réniforme irrégulière, traversée par l'ombre médiane. Ailes inférieures avec une bordure un peu ardoisée, dentée et surmontée de places roussâtres, avec quelques atomes noirs au bord abdominal. ♀ semblable.

Chenille inconnue. Papillon en juillet et août. France méridionale, Montpellier, sur les murs, les ponts, les clôtures, etc. Commun.

DARDOUINI, Bdv., Gn.

19ᵐ. Assez voisine de *Velox* dont elle a la taille et le port. Ailes supérieures d'un gris cendré violâtre foncé, finement saupoudrées, avec beaucoup de lignes et d'ombres nébuleuses, ondulées, et une série terminale de points oblongs; la coudée et l'ombre terminale assez rapprochées, formant toutes deux un angle vis-à-vis de la cellule, et dans le premier desquels se loge la tache réniforme, qui est à peu près comme chez *Velox*, ainsi que l'orbiculaire. Subterminale moins sinueuse, un peu plus claire que le fond. Ailes inférieures de la couleur des supérieures, avec une bordure comme chez *Velox*, mais moins visible, et trois lignes vagues, incomplètes, noirâtres, partant du bord abdominal. — ♀ semblable. Gn.

Chenille inconnue. Papillon en mai. Provence, îles d'Hyères. Très rare.

POLYGRAMMA, Bdv., Dup., Gn.

18m. Ailes supérieures d'un gris rougeâtre, traversées par trois lignes d'un blanc jaunâtre. L'extrabasilaire ondulée; l'ombre médiane formant un angle interne dans sa partie supérieure; la coudée parallèle, composée dans sa partie inférieure, d'une série de points interrompus par les nervures. Chacune de ces trois lignes est bordée intérieurement de ferrugineux un peu avant d'aboutir à la côte. Frange ferrugineuse, séparée du bord terminal par un liseré blanc précédé d'une série de points également blancs. Ailes inférieures de la couleur des supérieures avec deux demi-lignes claires partant du bord abdominal, et un liseré comme aux supérieures. Tête et collier roussâtres. — ♀ un peu plus grande, semblable quant au dessin, mais en diffère par la couleur du fond, qui est d'un gris bleuâtre ou ardoisé. Frange ferrugineuse.

Chenille inconnue. Papillon en juillet. Environs de Digne ; Pyrénées-Orientales, *Collioure ;* le Vernet, *Graslin*. Très rare.

Genre MICRA, Gn.

(*Talpochares*, Ld.)

Antennes filiformes dans les deux sexes. Palpes courts, ascendants, arqués, à dernier article distinct. Yeux gros et saillants. Thorax globuleux, squammeux. Abdomen lisse et conico-cylindrique. Ergots des pattes postérieures très prononcés. Ailes supérieures aiguës à l'angle apical, à lignes distinctes, l'une d'elles presque toujours droite et très oblique, à taches ordinaires nulles. Chenilles à douze pattes, épaisses, atténuées aux extrémités, à tête petite, avec les trapézoïdaux un peu saillants et visiblement pilifères ; vivant sur les plantes basses, à l'extrémité des tiges. Chrysalides renfermées dans des coques molles, ovoïdes, filées entre les feuilles ou les mousses.

Les espèces de ce genre sont toutes de très petite taille. Elles volent en plein jour parmi les herbes, dans les lieux secs et élevés, et habitent les contrées méridionales.

Candidana, Fab., Gn. *Parva*, Dup. (pl. 43, fig. 4.)

15mm. Ailes supérieures blanches, sans taches à la base, avec une bande oblique, droite et bien arrêtée des deux côtés d'un roux ferrugineux, et toute l'extrémité de l'aile du même roux, mêlé de blanc au bord terminal. La bande médiane blanche, forme dans son milieu, une dent très prononcée sur le ferrugineux de l'extrémité. Ailes inférieures grises, blanchâtres à la base. — ♀ semblable.

Chenille inconnue. Le papillon vole en juin et juillet ; il est commun en Provence et dans les garigues de Montpellier, dans la Charente, sur les coteaux calcaires, *Delamain ;* Indre, très rare, *Maurice Sand ;* Pyrénées-Orientales, *de Graslin.*

PAULA, Hb., Dup.

15m. Très voisine de la précédente pour la taille et les dessins. Ailes supérieures blanches à la base, avec une bande oblique grise, roussâtre à sa base, fondue intérieurement dans la teinte grise qui couvre le reste de l'aile, ne laissant visible qu'une ligne blanche faisant aussi un angle dans son milieu, mais moins prononcée que chez *Candidana ;* cette ligne aboutissant à la côte à un espace blanchâtre. Frange grise précédée d'un liseré blanc et d'une série de très petits points noirs. Ailes inférieures grises, blanchâtres à la base. Frange blanche et longue. — ♀ semblable.

Selon M. Treitschke la chenille vit sur le *Gnaphalium dioicum.* Le papillon vole en juin. France méridionale, Ardèche, Lozère, environs de Colmar, *de Peyerimhoff.* Commun.

PARVA, Hb., Gn. *Minuta*, Dup.

14m. Ailes supérieures d'un blanc jaunâtre, traversées par deux bandes rousses, la première, droite, oblique ; la seconde sinueuse et dentelée ; ces deux bandes bordées de blanc extérieurement. Un point noir près de l'angle apical. Frange roussâtre précédée d'un liseré blanc. Ailes inférieures d'un blanc légèrement roussâtre avec la frange de la même couleur. — ♀ semblable.

La chenille vit dans le réceptable de l'*Inula montana*, et s'y chrysalide, *Fallou*. Papillon en juin. France méridionale ; Ardèche ; Indre, *Maurice Sand ;* Charente, *Delamain ;* Collioure, *de Graslin*. Commun dans le midi, mais rare dans les autres localités.

Ostrina, Hb., Dup., Gn,

18m. Ailes supérieures avec la base d'un blanc légèrement jaunâtre, et le reste de leur longueur d'un violet rosé, plus ou moins vif, bordé le long du bord externe d'une ligne brune, suivie d'une ligne blanche, formant trois ondulations. Le milieu de l'aile est traversé par une bande étroite mal déterminée d'un brun violet. Le disque de l'aile est en outre orné de plusieurs lignes longitudinales d'un brun violâtre qui correspondent aux nervures. Un trait noir à l'angle apical, et un point orbiculaire également noir. Frange roussâtre, double, longue, séparée du bord terminal par une fine ligne noirâtre. Ailes inférieures d'un gris clair avec la frange blanche. — ♀ avec les ailes inférieures plus foncées.

Cette jolie petite espèce dont la chenille est inconnue, n'est pas rare en juin dans le midi de la France, dans l'Ardèche et dans la Lozère ; elle est très rare dans l'Indre, *Maurice Sand*. Nous devons ajouter que l'*Ostrina* varie beaucoup, pour la taille et pour l'intensité des couleurs.

Purpurina, S.V., Lup., Gn.

22 à 27^{m}. Ailes supérieures d'un jaune pâle à la base, puis d'un jaune plus foncé, et ensuite d'un joli rose, plus vif vers le bord externe, où il est limité par une raie blanchâtre, dentelée, se fondant dans le rose de la frange. Le disque de l'aile est coupé longitudinalement, à partir de la côte, par cinq lignes violâtres qui correspondent aux nervures ; et à partir de ces lignes jusqu'au bord interne par une ligne oblique également violâtre. Ailes inférieures blanchâtres avec le bord marginal lavé de gris et la frange blanche. — ♀ semblable à ailes inférieures d'un gris noirâtre.

Chenille inconnue. Papillon en juin et en août. Provence, Lozère, Ardèche, Pyrénées-Orientales, *de Graslin*. Jolie espèce toujours assez rare.

Genre ANTHOPHILA, Tr.

(*Thalpochares*, Ld.)

Antennes filiformes dans les deux sexes. Palpes courts, ascendants, arqués, squammeux, à dernier article distinct. Thorax globuleux. Abdomen non caréné, glabre. Ailes supérieures entières, arrondies, soyeuses, à franges très longues, à lignes distinctes, à tache orbiculaire remplacée par un point noir, ayant les deux nervules supérieures simples et parallèles.

Ailes inférieures bien développées, arrondies. Insectes ayant les mêmes mœurs que les *Micra*.

AMŒNA, Hb., Dup., Gn. (pl. 43, fig. 5.)

26m. Ailes supérieures d'un gris blanchâtre, traversées par deux bandes d'un gris roux fondu intérieurement, et nettement coupé par des lignes blanches extérieurement. La première de ces bandes décrit deux courbes dans le milieu de l'aile ; la seconde sur laquelle la ligne coudée se dessine en gris blanchâtre, est aussi bordée extérieurement par une ligne très ondée, blanche, qui est la subterminale, et dont le sommet traverse un espace brunâtre. Taches ordinaires remplacées chacune par un très petit point noir. Ailes inférieures d'un blanc sale, avec une ligne obscure, à peine distincte. Frange blanche ondée de gris. — ♀ semblable, mais avec les ailes inférieures d'un gris cendré et trois lignes ondées, vagues.

Chenille inconnue. Papillon en juin et août. France méridionale. Pas très rare.

PURA, Hb., Dup., Gn.

19m. Ailes supérieures d'un blanc luisant, légèrement lavé de jaunâtre, avec une bande médiane arquée et le bord terminal d'un roux jaunâtre. Taches ordinaires remplacées par deux petits points noirs. Frange très longue, teintée de roux à son extrémité. Ailes inférieures blanches légèrement teintées de roussâtre au bord terminal. — ♀ semblable.

Chenille inconnue. Le papillon est commun en juin et pendant une partie de la belle saison, dans les environs de Montpellier, dans les Pyrénées-Orientales, dans l'Ardèche, et généralement dans toute la France méridionale.

(GLAPHYRA, Gn.)

GLAREA, Tr., Dup., *Cretula*. Frey., Gn. (pl. 43, fig. 6,)

22m. Ailes supérieures d'un blanc jaunâtre, avec une série de lignes ondulées et parallèles, d'un gris olivâtre, laissant entre elles des lignes de la couleur du fond. Ailes inférieures grises, blanches à la base. avec trois lignes blanches ondulées. Frange blanche et longue. — ♀ semblable.

Tout ce que nous savons de la chenille, c'est qu'elle vit sur les *Phlomis* plantes de la famille des Labiées dont elle lie les feuilles à la manière des *Tortrix*. Elle est commune à Montpellier et dans tout le midi de la France ; on la trouve aussi dans le département de l'Ardèche. Papillon en juillet.

VAR. *Phlomidis*, Gn.

Diffère de *Glarea* par ses ailes supérieures qui sont d'un gris olivâtre, sans mélange de jaune, avec les bandes d'un gris plus foncé.

(MICROPHYSA, Bdv.)

SUAVA, Hb., Gn. (pl. 43, fig. 7.)

25 à 30m. Très variable pour la taille et pour la couleur, qui est tantôt d'un gris cendré et tantôt d'un brun rougeâtre plus ou moins foncé. Ailes supérieures avec la côte droite ou un peu concave. Lignes extrabasilaire et coudée très ondulées, peu marquées, surtout

l'extrabasilaire ; subterminale mieux écrite, éclairée de blanchâtre extérieurement. Ombre médiane nettement dessinée par une ligne noirâtre légèrement anguleuse dans son milieu, bordée extérieurement d'une bande blanche étroite et fondue. Ailes inférieures brunes, avec une bande médiane blanchâtre, bordée des deux côtés de brun noirâtre ; une autre bande plus étroite, sinueuse, longe le bord marginal et s'élargit en une tache blanche, vague, vers l'angle externe. — ♀ semblable.

Chenille inconnue. Papillon en juin et juillet. France méridionale, Pyrénées-Orientales, Collioure ; *de Graslin*. Pas très commun.

JUCUNDA, Hb., Dup., Gn.

15 à 22^m. Très variable pour la taille et pour la couleur. Ailes supérieures d'un gris plus ou moins foncé, avec les lignes extrabasilaire et coudée, brunes, très fines, ondulées, subterminale très anguleuse, éclairée de blanchâtre extérieurement, et marquée d'une petite tache blanche, à la côte près de l'angle apical ; cette ligne est ombrée de brun intérieurement, ce qui la rend très visible. Ligne ou ombre médiane d'un brun noirâtre fondu intérieurement, bordée de blanc extérieurement, droite et non coudée dans son milieu comme chez *Suava*. Frange grise, précédée d'une série de lunules d'un brun foncé. Ailes inférieures de la couleur des supérieures à la base, et noires dans le reste de leur étendue. Le milieu de l'aile est traversé par une bande blanchâtre, bordée de noir des

deux côtés, et sur la partie marginale noire, on remarque deux taches blanches, irrégulières, formant une bande interrompue. La femelle est ordinairement plus petite ; ses ailes supérieures sont noires avec les lignes ordinaires peu marquées ; n'ayant de bien visible que la ligne médiane qui est blanche et bien arrêtée, ainsi que la petite tache de l'angle apical. Ailes inférieures noires, avec la bande transverse réduite à une ligne blanche, très nette, et deux points blancs. Cette femelle a été décrite par Treitschke, comme espèce distincte, sous le nom de *Sepulchralis*.

La chenille de cette jolie espèce est inconnue. Le papillon est assez commun en Provence et en Languedoc, en mai et juillet ; il vole en plein jour avec assez de rapidité. Il se trouve aussi dans l'Ardèche, dans les Pyrénées-Orientales, et dans l'Aude, où M. Paul Mabille l'a vu voler pendant deux mois et demi, sans interruption.

Genre METOPTRIA, Gn.

Antennes simples, veloutées dans les mâles, sétacées dans les femelles. Palpes écartés, droits, courts, n'atteignant pas le front, velus, à dernier article peu distinct. Thorax court, globuleux, lisse. Spiritrompe moyenne. Abdomen court, lisse, velu, terminé dans les femelles par un oviducte saillant. Ailes assez larges, épaisses, farineuses, disposées en toit très incliné dans le repos.

MONOGRAMMA, Hb., God., Gn. (pl. 43, fig. 8.)

32ᵐ. Ailes supérieures aiguës à l'angle apical, à

bord terminal presque droit, d'un jaune verdâtre pâle depuis la base jusqu'à l'ombre médiane, et d'un brun olivâtre dans le reste de leur étendue. Sur cet espace brun on voit la ligne subterminale, bien distincte, claire, peu ondulée, ainsi que la tache réniforme qui est blanchâtre, étranglée, en forme de 8. Ailes inférieures d'un jaune fauve, avec une bordure noirâtre assez large, mais mal déterminée dans son milieu. — ♀ plus brune, avec les lignes perdues dans la couleur du fond.

Chenille inconnue. Papillon en mai et juin. France méridionale, Hyères, Cette, Montpellier, etc., Lozère, Pyrénées-Orientales. Vole en plein soleil dans les lieux herbus, et se pose souvent à terre. Commun.

PHALÆNOIDÆ, Gn.

(Brephides, H. S.)

Antennes plus épaisses ou subpectinées dans les mâles, filiformes dans les femelles. Palpes indistincts et très velus. Spiritrompe très courte. Corps grêle, entièrement velu. Thorax court, sans collier et ptérygodes distincts. Ailes supérieures triangulaires, nébuleuses, les inférieures de couleurs vives, garnies de longs cils au bord abdominal. Chenilles rases, lisses, allongées, à seize pattes, mais dont les quatre intermédiaires plus courtes et impropres à la marche, vivant sur les arbres. Chrysalides renfermées dans des coques légères à la surface de la terre, ou entre les mousses et les écorces.

Genre BREPHOS, Och.

Voir pour les caractères de ce genre, ceux de la famille.

PARTHENIAS, L., God., Gn. (pl. 43, fig. 9.)

35m. Ailes supérieures d'un brun obscur saupoudré d'écailles cendrées, avec les espaces médian et subterminal teintés de ferrugineux. Ligne extrabasilaire ondulée, peu marquée ; la coudée très contournée, suivie à la côte d'une tache blanche, sur laquelle on voit une tache noire qui est l'extrémité supérieure de la subterminale ; celle-ci est presque parallèle à la coudée, mais moins contournée. Tache réniforme arrondie, noirâtre, se détachant du côté interne sur un espace blanc. Frange un peu entrecoupée. Ailes inférieures d'un jaune fauve, avec une bordure étroite et une grande tache triangulaire longeant le bord abdominal, et s'avançant jusqu'au milieu de l'aile, où elle joint une tache cellulaire placée au milieu d'une bandelette peu distincte, le tout noir. — ♀ plus grande, plus saupoudrée de blanc, à lignes plus distinctes.

La chenille vit en juin et juillet sur le bouleau et quelquefois sur le chêne et le hêtre. Lorsqu'on la fait tomber de ces arbres, elle se suspend par un fil, comme beaucoup de géomètres. Le papillon éclôt en mars ; son vol est vif et élevé, cependant il se pose souvent sur les routes, surtout quand elles sont humides, et sur le tronc des bouleaux. C'est toujours dans les journées éclairées par le soleil qu'il faut faire la chasse à ce joli papillon. Commun dans une grande partie de la France.

NOTHA, Hb., Gn. *Parthenias*, Esp., God.

32ᵐ. Très voisine de la précédente, mais toujours plus petite. Ailes supérieures d'un ton plus sombre, plus uniforme, plus saupoudré d'atomes gris, *n'ayant à la côte qu'une seule tache blanche*, celle qui est à l'extrémité de la ligne coudée. Ailes inférieures comme chez *Parthenias*, mais avec la bande noire triangulaire plus ondulée à son bord inférieur. Indépendamment de ces différences, on distinguera toujours facilement cette espèce de *Parthenias*, par les antennes du mâle qui sont garnies de lames spatulées, tandis qu'elles sont simples chez la précédente. — ♀ semblable à antennes simples.

La chenille a les mêmes mœurs et habite les mêmes localités que *Parthenias*. Le papillon éclôt toujours plus tard ; on peut dire qu'il commence quand sa voisine finit ; il vole de même dans les jours de soleil et aime aussi à se poser sur la terre humide. Nord et centre de la France. Moins commun et moins répandu que *Parthenias*.

VAR. *Touranginii*, Maurice Sand.

23ᵐ. Ailes supérieures d'un gris ardoisé, avec la ligne coudée noire et très peu contournée, suivie d'une éclaircie blanche se fondant dans l'espace subterminal ; ligne extrabasilaire noirâtre, géminée, avec le milieu gris fauve. Tache réniforme noirâtre à milieu gris. Frange légèrement entrecoupée. Ailes inférieures d'un jaune orangé à bordure noire, avec une tache cellulaire placée au milieu d'une bandelette peu distincte ; espace compris depuis la base jusqu'à cette bande entre les nervures, noir.

La chenille diffère de celle de *Notha* par ses mœurs, elle vit sur une espèce de saule (*Salix monandra*), tandis que celle de *Notha* vit sur le bouleau et principalement sur le tremble. Le papillon vole en avril sur les grèves du Cher ; il est assez commun certaines années, et a été découvert par M. Tourangin, entomologiste distingué, auquel M. Maurice Sand l'a dédié.

ERIOPIDÆ, Gn.

Cette famille ne contenant qu'un seul genre, voir les caractères de ce genre.

—

Genre ERIOPUS, Och.

Antennes filiformes dans les deux sexes. Palpes droits, dépassant la tête, le deuxième article sécuriforme, le troisième presque aussi long que le précédent, nu, terminé en pointe obtuse. Spiritrompe grêle. Thorax globuleux, avec les ptérygodes très étroites et une crête bifide à sa jonction avec l'abdomen. Celui-ci grêle, crêté dans les deux sexes, conique, terminé par un petit pinceau de poils dans les mâles, et en pointe dans les femelles. Tibias des pattes antérieures et postérieures garnis de poils laineux et épais, dans les mâles seulement. Ailes supérieures larges à taches et lignes visibles, et une petite dent plus ou moins prononcée vers l'extrémité du bord interne. Chenille à seize pattes égales, rases, cylindriques, un peu aplaties en dessous, de couleurs vives, sans éminence, vivant sur les plantes basses. Chrysalides, lisses, luisantes, renfermées dans des coques légères, et enterrées peu profondément.

PTERIDIS, Fab., Dup., Gn. (pl. 43, fig. 10.)

29m. Ailes supérieures anguleuses, légèrement dentées, variées de rose clair, de brun et de blanc, avec les deux lignes médianes fines, brunes, éclairées de rose ; la subterminale blanche, en zigzag, ombrée de roux. Bord terminal longé parallèlement par une autre ligne blanche et noire. Tache réniforme grande, irrégulière, blanche à centre brunâtre ; orbiculaire petite, étroite, plus ou moins bien écrite ; ces deux taches convergentes par en bas et séparées par du brun foncé. Frange entrecoupée de noir. Ailes inférieures grises avec le bord fauve et découpé. Frange jaunâtre et entrecoupée de brun.

Ce qui est remarquable dans cette belle espèce, ce sont ses deux pattes antérieures garnies de longs poils roux ou fauves jusqu'au pénultième tarse. Esper a donné à cette noctuelle le nom de *Lagopus*, c'est-à-dire *pattes de lièvre ;* le nom du genre *Eriopus* signifie *pied laineux*.

La chenille vit en juillet et août sur la fougère commune (*Pteris aquilina*), et se tient constamment au-dessous des feuilles. Le papillon éclôt en juin de l'année suivante ; il ne vole que la nuit. Doubs, *Bruand ;* Indre, *Maurice Sand ;* Gironde en juin et juillet ; chenille en septembre et octobre, *Trimoulet ;* Rennes, en août. *Oberthur*. Toujours rare.

Latreillei, Dup. *Quieta*, Tr.

27m. Ailes supérieures d'un brun foncé mélangé de gris et de jaune, avec les deux lignes médianes fines, ondées, bleuâtres et bordées de noir ; subterminale blanche, interrompue par des taches noires et orangées, dont une plus apparente que les autres est placée vers le haut ; cette dernière ligne est suivie parallèlement d'une autre ligne blanche, également interrompue par les points noirs qui bordent l'extrémité de l'aile ; cette ligne en s'élargissant à la côte, forme avec la précédente une tache blanche sablée de noir. Taches ordinaires grises, bordée de jaunâtre, séparées par l'ombre médiane qui est noire et traverse toute l'aile. On voit en outre, sur l'espace basilaire, un gros point d'un jaune orangé entouré de noir. Frange d'un blanc jaunâtre, entrecoupée de gris. Ailes inférieures d'un blanc jaunâtre, avec le bord marginal légèrement lavé de gris. Les pattes antérieures du mâle sont garnies de longs poils d'un blanc roux. — ♀ semblable pour le dessin, mais avec les ailes inférieures noirâtres.

La chenille est d'un roux ferrugineux ou couleur de porphyre, avec beaucoup de lignes longitudinales, claires, tremblées, peu apparentes, et la stigmatale large, très nette d'un jaune clair ; elle vit sur le doradille cétérach (*Ceterach officinarum*) dont elle ne ronge que les écailles roussâtres et scarieuses qui masquent, au revers des feuilles, les capsules réunies en groupes linéaires. Elle se chrysalide dans une coque assez serrée, dans laquelle elle fait entrer des débris de feuilles de doradille. Le papillon éclôt dix jours après ; il a de quatre à six générations par an. France méridionale, Montpellier, Marseille, Ardèche, Basses-Alpes, Lozère. Assez commun.

EURHIPIDÆ, Gn.

Cette famille ne comprenant qu'un seul genre, voir les caractères de ce genre.

—

Genre EURHIPIA, Bdv.

Antennes des mâles dentées et fortement pubescentes jusqu'à moitié, puis nues jusqu'au sommet, munies à leur base d'une large crête de poils. Palpes dépassant de beaucoup la tête ; le deuxième article épais, arrondi, court ; le troisième très long, grêle, nu et aplati. Thorax convexe, à collier un peu relevé, mais arrondi. Abdomen du mâle terminé par deux pinceaux de poils divergents ; celui de la femelle par de simples filets. Ailes supérieures un peu dentées, à taches et lignes très visibles. Au repos l'insecte les tient plissées et son abdomen relevé. Chenilles rases, courtes, cylindriques, atténuées aux extrémités, à tête grosse, vivant sur les arbres. Chrysalides courtes, renfermées dans des coques légères et enterrées.

Adulatrix, Hb., Dup., Gn. (pl. 43, fig. 11.)

30mm. Ailes supérieures d'un brun feuille morte marbré de plusieurs couleurs différentes, avec leur milieu traversé par une bande blanche, qui se divise, vers la côte, en forme Y. Deux taches blanches salies de brunâtre se voient vers le bord terminal, l'une à la côte, l'autre à l'angle interne. Ligne extrabasilaire brune, peu visible ; coudée très ondulée, d'une couleur purpurine, appuyée au bord interne sur une tache d'un vert métallique bordée de noir. La tache réniforme est grande et blanche. Ailes inférieures d'un blanc nacré avec une large bande terminale brune, divisée à partir de l'angle anal par une ligne claire et deux petites taches anales noires. — ♀ semblable.

Les dessins de cette charmante espèce sont si compliqués, qu'il est presque impossible de les décrire d'une manière satisfaisante. Nous renvoyons à la figure qui l'accompagne, pour suppléer à ce qui manque à notre courte description.

La chenille est d'un beau vert clair, avec la ligne vasculaire fine, plus foncée ; les sous-dorsales fines, jaunes ; la stigmatale semblable ou d'un rouge carmin vif ; les stigmates sont noirs et entourés de jaune. Elle vit depuis le mois de mai jusqu'en novembre, presque sans interruption, sur les térébinthes (*Pistacia terebinthus* et *lentiscus*). Le papillon éclôt vingt à vingt-deux jours après la métamorphose ; il a trois ou quatre générations par an. France méridionale, Marseille, Montpellier, Hyères ; Amélie-les-Bains, Villefranche

(*Pyrénées-Orientales*), Celles-les-Bains (*Ardèche*). Pas rare.

PLACODIDÆ, Gn.

Cette famille ne contenant qu'un seul genre, voir les caractères de ce genre.

—

Genre PLACODES, Bdv.

Antennes courtes, cylindriques, presque glabres dans les deux sexes. Palpes grêles, dépassant le front, à troisième article assez long. Thorax convexe, court, velu, muni d'une crête saillante derrière le collier. Abdomen avec de petites crêtes courtes dans les deux sexes, conique dans les femelles. Ailes larges, luisantes, les supérieures un peu obtuses au sommet. Chenilles glabres, atténuées antérieurement, à tête grosse ; vivant à découvert à l'extrémité des ombellifères dont elles mangent les fleurs et les graines. Chrysalides enterrées.

Amethystina, Hb., Dup., Gn. (pl. 43, fig. 12.)

30m. Ailes supérieures d'un rose violet ou carné. avec les espaces basilaire, terminal et les deux tiers de l'espace médian d'un brun mordoré. Sur cet espace on voit la tache orbiculaire qui est grande, réniforme à anneau concentrique, traversée par une large bande s'étendant depuis la ligne extrabasilaire jusqu'à l'extrémité de l'espace brun. Le tout de la couleur du fond, ainsi que les lignes médianes. Ligne subterminale brisée en trois parties. Frange rose entrecoupée de noirâtre. Ailes inférieures d'un gris clair liserées de rose, avec les nervures et une lunule, plus foncées. — ♀ semblable.

La chenille vit en juillet et août sur le peucedan (*Peucedanum officinale*). Le papillon éclôt en juin et juillet. Très rare en France, Savoie, Ervy (*Aube*), *Jourdheuille* ; Gironde, *Trimoulet* ; en battant les chênes et à la miellée.

PLUSIDÆ, Bdv.

Antennes presque toujours grêles et filiformes dans les deux sexes, à palpes ascendants, bien développés, le troisième article souvent long, à spiritrompe longue à thorax muni de huppes relevées, à abdomen crêté, à ailes supérieures ornées de signes ou de taches métalliques. Chenilles allongées, à premiers anneaux très atténués, à tête petite, un peu aplatie, arquant leurs anneaux antérieurs dans la marche, à pattes écailleuses portées sur des mamelons bien saillants ; vivant à découvert sur les plantes ligneuses et herbacées.

Genre ABROSTOLA, Och.

Antennes assez longues, glabres. Palpes ascendants obliques, non arqués. Thorax globuleux, velu, à collier arrondi et un peu relevé, muni entre les ptérygodes d'une forte touffe bifide, redressée. Abdomen long, déprimé, velu latéralement, crêté dans les deux sexes. Ailes supérieures aiguës au sommet, luisantes, dépourvues de taches métalliques, ayant les taches ordinaires bordées par des écailles redressées. Chenilles allongées, moniliformes, ayant quatre paires de pattes ventrales complètes, et le onzième anneau renflé ou relevé, vivant sur les *Urticées* et les *Asclépiadées*. Chrysalides molles, ayant l'enveloppe de la trompe prolongée, renfermées dans des coques de soie mêlée de mousse.

URTICÆ, Hb., Dup., Gn. *Asclepiadis*, Dup.

21^{m}. Ailes supérieures d'un gris brunâtre luisant avec une tache basilaire peu étendue, d'un seul lobe et le bas de l'espace subterminal d'un gris verdâtre ; cette dernière couleur souvent étendue dans une grande partie de l'espace terminal. Lignes médianes fines, noires, doublées d'un filet ferrugineux ; *l'extra-basilaire régulièrement arquée, accompagnée du côté de la base d'un trait blanc verdâtre, occupant la moitié de sa longueur vers le bord interne*. Ligne subterminale blanchâtre, dentée en scie, traversant, à sa partie supérieure, une tache noire située à l'angle apical. Taches ordinaires concolores, séparées par une ombre noire, finement cerclées de noir, presque égales ; l'orbiculaire liée à une autre tache de même forme qu'elle, et située au-dessous. Ailes inférieures noirâtres avec la base plus claire. Abdomen du mâle terminé par un pinceau élargi. — ♀ semblable.

La chenille vit en juillet et en octobre sur les orties. on la prend facilement en fauchant ou en battant ces plantes dans le parapluie. Le papillon éclôt en juin et août. Commun partout.

Asclepiadis, S.V., Gn. (pl. 44, fig. 1.)

21^{m}. Très voisine de la précédente pour la taille et la disposition des lignes et des taches ; en diffère principalement : par la tache de la base occupant presque tout l'espace basilaire, *d'un gris fauve, formant trois lobes bordés par la ligne extrabasilaire qui elle-même en forme deux ;* un petit vers la côte, un autre plus grand jusqu'au bord interne ; le thorax et le collier sont aussi de couleur fauve. Point de tache noire à l'angle apical. Ailes inférieures noirâtres à base plus claire ; ces deux nuances mieux tranchées que chez *Urticæ*. — ♀ semblable.

La chenille vit exclusivement sur l'asclépiade-dompte-venin (*Asclepias vincetoxicum*). Elle ne mange que la nuit et se cache pendant le jour avec le plus grand soin, souvent à une assez grande distance de la plante qui la nourrit. C'est en juillet qu'il faut la chercher dans le voisinage des plantes rongées. Elle se chrysalide dans une coque molle fixée entre les feuilles sèches ou à la surface de la terre. Le papillon éclôt quelquefois en septembre, mais généralement en mai et juin de l'année suivante ; il n'est pas rare dans les environs de Paris, et se trouve aussi dans les Pyrénées-Orientales.

Triplasia, L., Dup., Gn.

Voici encore une espèce très voisine et souvent difficile à distinguer des deux précédentes. Ses ailes supérieures sont entièrement d'un brun plus ou moins noirâtre, luisant, excepté la tache de la base qui est fauve *nettement trilobée, ainsi que la ligne extrabasilaire qui la borde ;* cette ligne ainsi que la coudée sont plus largement bordées de ferrugineux ; la ligne subterminale est dentée, d'un gris fauve, et s'élargit vers le bord interne ; on voit en outre, entre ces lignes et le liseré ferrugineux, vers le bord interne, bordant la coudée, une seconde ligne d'un blanc rougeâtre, n'atteignant pas le milieu de l'aile. L'espace médian est sensiblement plus large que chez *Urticæ* et *Asclepiadis.* Enfin le thorax et le collier sont de la couleur des ailes. Frange brune et légèrement découpée. Ailes inférieures noirâtres avec la base et la frange jaunâtre.

La chenille est assez commune en juillet et octobre sur la grande ortie (*Urtica dioica*), et aussi sur le houblon selon M. Guillemot ; elle se chrysalide de la même manière que ses congénères, et le papillon éclôt quelquefois en septembre, mais généralement en mai, juin et juillet de l'année suivante ; il n'est pas plus rare que *Urticæ.*

Genre PLUSIA, Tr.

Antennes longues, minces, filiformes dans les deux sexes. Palpes longs, ascendants, recourbés, le deuxième article velu, le troisième plus ou moins long, mais distinct. Spiritrompe longue. Thorax velu, à ptérygodes saillants et garnis d'une crête bifide très épanouie. Abdomen velu, crêté sur les premiers anneaux, conique dans les deux sexes. Pattes longues, à ergots prononcés. Ailes supérieures aiguës à l'angle apical, lisses, luisantes, ornées de places métalliques, ou de taches d'or ou d'argent. Chenilles à douze pattes, manquant des deux premières paires ventrales, marchant comme les *Géomètres* ou *Arpenteuses ;* très atténuées antérieurement, à tête petite et globuleuse, vivant à découvert sur les plantes basses. Chrysalides renfermées dans des coques de soie d'un tissu léger, et fixées aux feuilles ou aux tiges des plantes qui ont nourri la chenille.

Illustris, Fab., Dup., Gn.

38^{m}. Ailes supérieures aiguës à l'angle apical, d'un vert olive satiné et teinté de rosé, avec la moitié de l'espace médian plus foncé. Lignes médianes brunes bordées de rose ; l'extrabasilaire oblique, allant du bord interne jusqu'à la nervure médiane, laquelle est saillante et blanchâtre ; coudée légèrement courbe par en haut, non ondulée ; subterminale subparallèle à la coudée, d'un jaune pâle, appuyée à sa base contre une tache triangulaire d'un fauve doré ; espace terminal avec deux taches de cette même couleur, l'une au milieu, l'autre à l'angle apical. Tache réniforme peu visible, étranglée, perdue dans un espace teinté de rosé ; orbiculaire irrégulière, très oblique, entourée de traits blancs qui forment un triangle avec la nervure médiane, au-dessous de laquelle on voit une autre tache en forme d'U, finement bordée de blanchâtre (1). Frange moitié verte et moitié grise, précédée d'une ligne jaunâtre. Tête et thorax d'un gris

(1) Il y a quelquefois deux taches placées sous la nervure médiane ; M. Guenée les appelle *signes subcellulaires,* ces taches ou signes sont propres au genre *Plusia.*

verdâtre. Abdomen avec une crête d'un brun-roux sur chacun des trois premiers anneaux. Antennes jaunâtres. Ailes inférieures d'un gris fauve, avec une bande transverse et le bord terminal plus obscurs. — ♀ semblable.

La chenille vit en juin sur plusieurs espèces d'aconit (*Aconitum lycoctonum* et *anthora*). Dans sa jeunesse elle tient renfermée entre les feuilles de la plante, et sa chrysalide renfermée dans un tissu soyeux blanchâtre est attachée à la partie inférieure des feuilles. Le papillon éclôt en juillet ; il habite les montagnes alpines. Dauphiné, Hautes et Basses-Alpes, Pyrénées, Doubs, *Bruand*, Pas rare.

Uralensis, Eversm., Bellier, Gn.

Un peu plus petite que *Illustris* dont elle est très voisine. Ligne extrabasilaire moins oblique, plus brisée et se détachant vivement ; tache orbiculaire double, moins vague, plus arrondie et circonscrite par un fin liseré d'un jaune brillant ; espace médian plus obscur ; ligne coudée moins droite, ne formant pas d'angle avec la côte et fortement ombrée de brun intérieurement ; bord externe d'un rose vif, traversé par la subterminale qui s'y détache nettement en jaune clair ; crêtes de l'abdomen plus épaisses, d'un brun plus foncé.

La chenille vit en famille sur l'*Aconitum anthora* ; elle parvient à toute sa taille à la fin de juin, et se chrysalide dans une coque molle, fixée aux tiges de la plantes ou contre les pierres environnantes. Le papillon éclòt en juillet. On ne le connaissait que de Russie (montagnes de l'Oural), lorsque M. Bellier de la Chavignerie l'a découvert à Larches (*Basses-Alpes*). Toujours rare.

Modesta, Hb., Dup., Gn. (pl. 44, fig. 2.)

32ᵐ. Assez voisine de la précédente pour la disposition des lignes et des taches, mais toujours beaucoup plus petite. Ailes supérieures aiguës à l'angle apical, un peu creusées à la partie supérieure du bord externe, puis renflées à sa partie inférieure, d'un vert-brun satiné avec des reflets roses et mordorés. Lignes médianes d'un gris verdâtre, bordées de blanc des deux côtés ; l'extrabasilaire ne dépassant pas la nervure médiane, qui est blanche et saillante comme chez *Illustris ;* coudée oblique, presque droite, plus large à sa base, suivie de la subterminale qui la touche à l'angle apical, et s'en éloigne au bord interne, où elle s'appuie sur une tache d'un fauve doré ; une autre tache du même fauve doré se voit dans le milieu de l'espace terminal. Tache réniforme d'un brun noir, étroite, étranglée en forme de 8, finement bordée de jaunâtre ; orbiculaire oblique, allongée, bordée de deux lignes blanches qui s'étendent jusqu'à la côte, et forment avec l'extrabasilaire un angle assez allongé. Signe subcellulaire noirâtre, étroit, oblique, finement bordé de blanc jaunâtre. Frange d'un brun verdâtre, précédée d'une ligne blanchâtre. Ailes inférieures d'un brun noirâtre avec la frange fauve. Collier d'un jaune orangé ainsi que deux crêtes sur les premiers anneaux de l'abdomen. — ♀ semblable.

La chenille vit en avril et mai sur la pulmonaire (*Pulmonaria angustifolia*) ainsi que le gouet (*Arum maculatum*), *Boisduval.* Elle se chrysalide dans une coque de soie à la surface de la terre. Le papillon éclôt en mai et juin ; il est rare en France. Environs de Paris ; Indre, *Maurice Sand.*

CONSONA, Fab., Dup., Gn.

32ᵐ. Taille et forme de *Modesta.* Ailes supérieures d'un gris verdâtre, avec les espaces médian et subterminal d'un vert brun satiné et à reflets mordorés. Lignes médianes d'un gris verdâtre, bordées de blanc argenté des deux côtés ; l'extrabasilaire ne dépassant pas la nervure médiane, surmontée de la tache orbiculaire, peu visible, bordée extérieurement d'une petite tache d'un blanc d'argent, suivie au-dessous de la nervure, du signe subcellulaire, qui est bien marqué, en forme d'U, et bordé de blanc d'argent. Tache réniforme à peine visible, longue, très étranglée. Ligne coudée flexueuse, suivie de la subterminale qui lui est parallèle jusqu'au deux tiers de sa longueur, puis s'en éloigne en formant un coude, et va aboutir à l'angle interne, où elle s'appuie sur une tache subtriangulaire d'un fauve doré. Espace terminal traversé par les nervures qui sont blanches, et ayant dans son milieu une tache carrée d'un brun doré. Frange verdâtre ou jaunâtre, précédée d'un liseré blanchâtre. Thorax d'un gris verdâtre et collier rougeâtre. Abdomen avec une crête brune sur les deux premiers anneaux. Ailes inférieures jaunâtres avec une ligne médiane et le bord marginal plus obscurs. — ♀ semblable.

Nous ne pouvons rien dire de positif au sujet de la chenille de cette espèce, sinon qu'elle a été trouvée aux environs de Paris. Le papillon éclôt en juin. Très rare.

Moneta, Fab., Dup., Gn.

32 à 38^{m}. Ailes supérieures aiguës à l'angle apical, un peu creusées au bord externe, d'un fond jaunâtre ou brunâtre, entièrement sablé d'or pâle, avec une grande tache plus pâle occupant la partie supérieure des espaces terminal et subterminal, et souvent une partie de l'espace médian. Cette tache bordée inférieurement par une ligne courbe, brune. Partie inférieure des mêmes espaces teintée de violet pâle. Lignes médianes brunes, géminées ; l'extrabasilaire formant trois courbes, la coudée festonnée ; la subterminale dentée, souvent peu marquée. Ombre médiane bien écrite, brune, faisant un angle saillant sur la nervure médiane. Tache orbiculaire concolore, bordée d'argent mat, suivie au-dessous de la nervure, d'une autre tache de même forme et de même couleur ; réniforme seulement indiquée par quelques petites taches, dont une avec un point noir dans son milieu. Tout l'espace compris entre la coudée et le bord terminal, est en outre sablé de très petits points noirs. Frange d'un jaune satiné, précédée d'un liseré brun. Palpes très longs et recourbés au-dessus de la tête qui est jaunâtre ainsi que le thorax. Ailes inférieures fauves avec une

lunule centrale et une bordure marginale, n'atteignant pas le bord, noirâtre. Frange jaunâtre précédée d'un liseré noirâtre. — ♀ semblabe, à ailes inférieures plus claires, souvent sans bordure ni lunule.

La chenille vit sur l'aconit tue-loup et napel (*Aconitum lycoctonum* et *napellus*) et aussi selon M. Boisduval sur le topinambour, le soleil, la bardane, etc. Le papillon a deux générations par an, la première en juillet, la seconde en septembre. Cette belle espèce n'est pas rare, quoique peu répandue en France. Alpes du Dauphiné, Normandie, *Boisduval;* Doubs, *Bruand;* Pyrénées-Orientales, *de Graslin;* environs de Ferrette (*Haut-Rhin*), *Stoffel;* France méridionale.

DEAURATA, Esp., Dup., Gn. (pl. 44, fig. 3.)

37m. Ailes supérieures d'un fauve rougeâtre nuancé de violet et de rose, avec la moitié inférieure et la partie supérieure de l'espace médian d'une belle couleur d'or. Ligne extrabasilaire brune, formant un angle très aigu dans son milieu ; coudée formée de deux lignes parallèles, l'une d'un brun foncé, l'autre d'un noir bleuâtre ; ces deux lignes décrivent une courbe, depuis l'angle apical, jusqu'à la nervure médiane, puis descendent presque perpendiculairement jusqu'au bord interne ; elles sont suivies d'une ombre rougeâtre, terminée à l'angle interne par une tache dorée. Ligne subterminale très vague, claire, marquée dans son milieu de deux petits points noirs. Tache orbiculaire petite, ovale, dorée ; réniforme concolore, peu visible, bordée de rougeâtre. Nervures fines, d'un brun rougeâtre. Espace basilaire avec une petite tache dorée, ronde, bordée de brun, surmontée à la côte d'une autre tache également d'or, et traversée par la demi-ligne, qui est double. Frange jaunâtre, précédée d'un liseré brun, bien marqué seulement à sa partie supérieure. Ailes inférieures jaunâtres, avec deux bandes marginales grises. — ♀ semblable.

Cette magnifique espèce n'a encore été trouvée qu'une seule fois dans les Alpes de la Savoie en juillet. Elle habite la Hongrie et le Haut-Valais.

ORICHALCEA, Fab., Dup., Gn.

40 à 45[m]. Ailes supérieures très aiguës à l'angle apical, falquées au bord externe, d'un brun pourpré chatoyant, avec la base, la côte et l'espace terminal d'un gris violet, décorées d'une grande tache d'or vert, très brillante, située entre la deuxième nervure supérieure et la troisième inférieure, bordée et échancrée intérieurement par la tache réniforme, et extérieurement par la ligne subterminale qui est fortement dentée. Lignes médianes brunes ; la coudée régulièrement ondulée, traversant la tache d'or. Partie inférieure de l'espace terminal d'un brun mordoré. Frange d'un violet brun. Ailes inférieures jaunâtres, avec une ligne médiane et une large bordure marginale, brunes. Tête et thorax fauves, ptérygodes d'un violet foncé. Abdomen d'un jaune orangé, avec trois crêtes d'un brun violet. — ♀ semblable, plus grande.

Chenille en juin et juillet sur l'eupatoire à feuilles

de chanvre (*Eupatorium cannabinum*) ; elle se cache pendant le jour. Le papillon éclot en juillet et août ; il habite la Suisse, la Hongrie, l'Angleterre, mais il a été trouvé en France, dans les environs de Ferrette (*Haut-Rhin)*, par M. Stoffel. Belle espèce, facile à reconnaître à sa grande plaque dorée.

CHRYSITIS, L., S.V., Dup.

36 à 40m. Ailes supérieures aiguës à l'angle apical, falquées au bord externe, d'un brun violâtre, avec la moitié de l'espace basilaire, l'espace subterminal et l'espace terminal, moins la partie qui longe la frange, d'un vert doré, quelquefois cuivreux, ce qui forme deux bandes métalliques très brillantes. La bande médiane brune est souvent plus ou moins rétrécie dans son milieu, quelquefois tout à fait interrompue, de manière à réunir les deux taches dorées. Taches ordinaires et signe subcellulaire, concolores, à peine indiqués par leur contour brun. Frange brune. Ailes inférieures d'un gris noirâtre, frange jaunâtre. Tête et collier d'un jaune fauve. Thorax brun. Abdomen avec trois crêtes rousses. — ♀ semblable.

La chenille est d'un vert pomme, plus ou moins glauque ou plus ou moins jaune, avec trois raies blanches de chaque côté du vaisseau dorsal ; ces raies interrompues à chaque anneau, et formées de traits un peu obliques. Souvent la seconde et la troisième sont unies par une petite liture transversale, de manière à former une suite de taches qui ressemblent plus ou moins à la lettre H. Elle vit en juin, juillet et septembre, sur une infinité de plantes basses, mais principalement sur la grande ortie (*Urtica dioica*) ; l'ortie blanche (*Lamium album*) ; la bardane (*Arctium lappa*). Elle se plaît dans les lieux frais et humides. Le papillon éclôt en mai et juin, quand la chrysalide a passé l'hiver, et en juillet et août quand elle provient de la seconde époque. Il vole au crépuscule et se prend facilement à la miellée. Commun partout.

BRACTEA, S.V., Dup., Gn.

40 à 44^{m}. Ailes supérieures peu aiguës à l'angle apical, non falquées, à côte droite, d'un brun pourpré, avec des reflets cuivreux sur l'espace terminal, et tout l'espace médian depuis le bord interne jusqu'à la nervure médiane d'un brun mordoré. Sur cette partie on voit une tache d'or pâle, bien déterminée, ayant la forme d'un bonnet phrygien, ou autre, renversé. Cette tache est caractéristique de cette belle espèce. Ligne extrabasilaire presque droite, fine, dorée, bordée de brun, ne dépassant pas la nervure médiane ; coudée entière, brune, ondulée. Taches peu visibles. Ailes inférieures d'un fauve pâle, avec une large bordure marginale, fondue dans la couleur du fond. Frange fauve pâle. Tête et collier fauves. Thorax d'un brun violet. Abdomen avec une crête sur les trois premiers anneaux.

Tout ce que nous savons de la chenille, c'est que, selon M. Henry Doubleday, elle ressemble beaucoup à celle de *Iota ;* vit-elle sur la même plante ? Papillon en août. Dauphiné ; Savoie, vallée de Chamouny ;

Haut-Rhin, *Michel*, *Gerber*. Vole le soir dans les jardins autour des phlox en fleurs. Pas très rare à Munster et à Sainte-Marie-aux-Mines, ainsi que dans les hautes vallée des Vosges, *de Peyerimhoff*.

FESTUCÆ, L., S.V., Dup., Gn.

34^m. Ailes supérieures peu aiguës à l'angle apical, à bord externe légèrement arrondi, d'un brun rougeâtre, sablé d'or, surtout dans la partie inférieure de l'espace médian, décorées de trois taches d'argent un peu jaunâtre, brillantes, la première en forme de trait près de l'angle apical, où elle se fond dans la partie dorée, la seconde et la troisième placées horizontalement dans le milieu de l'aile, la plus grande du côté de la ligne extrabasilaire, la plus petite touchant la coudée ; ces deux taches séparées par l'ombre médiane. Lignes médianes brun foncé, géminées, très obliques, l'extrabasilaire droite, ne dépassant pas la tache d'argent ; la coudée atteignant l'angle apical ; la subterminale ondée, joignant la coudée par en haut. Frange violâtre, précédée d'une ligne noirâtre. Ailes inférieures d'un gris jaunâtre avec la frange rougeâtre. Tête et thorax d'un fauve vif, ptérygodes brunes. — ♀ semblable.

La chenille est verte, avec la ligne dorsale d'un vert foncé, entre deux lignes blanches et deux autres lignes jaunes, suivies d'une raie large d'un vert foncé, sur les côtés. Elle vit en juin et juillet sur plusieurs plantes aquatiques, principalement sur la fétuque flottante (*Festuca fluitans*) ; ainsi que sur les *Carex* et les

Sparganium. Elle se chrysalide dans une coque blanche d'un tissu serré, fixée à la plante sur laquelle elle a vécu. Le papillon éclòt ordinairement trois semaines après ; il vole le soir dans les prairies humides et se prend à la miellée. Toute la France, mais généralement peu commun.

V. ARGENTEUM, Esp. *Mya*, Hb., Dup. (pl. 44, fig. 4.)

35^m^. Ailes supérieures à côte presque droite, arrondies au bord externe, d'un fauve rougeâtre ou carné, plus foncé sur le disque, sur lequel on voit quatre petites taches d'argent, les deux supérieures bordent les taches ordinaires, les deux autres situées au-dessus, figurent l'une un V, l'autre un gros point. Lignes médianes géminées, d'un brun noir ; l'extrabasilaire formant un petit angle à la côte, puis un plus grand vers le bord interne ; la coudée recourbée intérieurement à son sommet, se rapprochant de l'angle de l'extrabasilaire au bord interne, ces deux lignes éclairées de rose ; la subterminale jaunâtre, très dentée, bordée de brun noir intérieurement. Espace basilaire avec plusieurs traits bruns. Frange rose, bordée d'un liseré entrecoupé, et précédée d'un filet brun, puis d'une ligne jaunâtre. Ailes inférieures grises, avec une légère ligne transverse et le bord marginal noirâtres. Frange rose. Thorax participant de la couleur des ailes supérieures. — ♀ semblable.

Chenille inconnue. Papillon en juillet, vole au crépuscule. Alpes de la Savoie, vallée de Chamouny. Magnifique espèce, toujours assez rare.

Iota, L., Dup., Gn.

40 à 44m. Ailes supérieures aiguës et légèrement falquées à l'angle apical, d'un rougeâtre rosé ou vineux, avec la moitié inférieure de l'espace médian, l'espace subterminal et quelques taches, à la base et à la côte, d'un brun noirâtre ; l'espace subterminal teinté de mordoré dans son milieu. Lignes médianes brunes, parallèles, géminées, quelquefois dorées à leur partie inférieure ; coudée arrondie au sommet, puis légèrement sinuée dans son milieu ; extrabasilaire ne dépassant pas la nervure médiane ; subterminale vague, suivie d'une ombre brune presque terminale. Taches ordinaires peu visibles ; la réniforme seule vaguement indiquée par son contour brun. Signes subcellulaires petits, d'un or pâle, vif, le premier en V, le second formant un petit point. Ailes inférieures d'un ocracé sale, avec une ligne médiane et une large bordure, noirâtres. — ♀ semblable.

La chenille ressemble beaucoup à celle de *Gamma ;* elle vit dans les jardins et dans les clairières des grands bois, sur les chèvrefeuilles (*Lonicera periclymenum* et *Caprifolium*), et aussi selon M. Stainton, sur l'ortie et le seneçon. Elle se tient immobile sur les tiges ou les feuilles de ces arbrisseaux, et n'est pas facile à découvrir. C'est dans la première quinzaine d'avril et de juin qu'il faut la chercher. Elle se chrysalide dans une coque légère filée entre les feuilles. Le papillon éclôt en mai et juin pour la première époque, et en juillet et août pour la seconde. Nord de la France ; Compiègne ; Paris, *Fallou ;* Doubs, *Bruand ;* Indre,

Maurice Sand; Auvergne, *Guillemot*; Saône-et-Loire, *Constant*; Alsace, *de Peyerimhoff*. Peu commun.

Ab. *Inscripta*, Esp., Gn.

Tout à fait dépourvue des signes dorés.

V. aureum, Gn.

38m. Cette espèce est très voisine de la précédente ; elle en diffère par la couleur de ses ailes supérieures qui sont d'un rose plus carné, avec les places brunes plus nombreuses, ce qui les fait paraître plus marbrées. La ligne coudée est toujours fortement brisée en angle dans son milieu ; la subterminale est plus distincte et plus nettement brisée en ≤ ; la tache réniforme est plus visible, très étranglée et cerclée d'or par en bas. Signes dorés plus épais ; le premier en U plutôt qu'en V, le second formant un point ovale, ordinairement plus gros. Frange toujours entrecoupée de noirâtre. — ♀ semblable.

La chenille vit sur les chèvrefeuilles aux mêmes époques que celle de *Iota*, dont elle diffère selon M. Guenée ; mais M. Constant, qui l'a élevée, n'a remarqué aucune différence entre elles. Mêmes localités que *Iota*, mais beaucoup plus rare.

Chalcites, Esp., Gn., *Chalsytis*, Hb., Dup.

37m. Ailes supérieures avec une dent assez marquée à l'angle interne, d'un carné rosé satiné, marbré de brun, avec la moitié inférieure de l'espace médian, la partie supérieure et la base de l'espace terminal, ainsi qu'une petite tache basilaire, d'un doré métallique foncé. Lignes médianes brunes, géminées ; l'extrabasilaire ne dépassant pas la nervure médiane ; la coudée entière, très ondulée ; la subterminale vague tortueuse. Signes subcellulaires d'un argent un peu jaunâtre, très brillant, presque contigus, presque égaux ; le premier figurant un ? couché ; le second ovale. Un point sur la frange dans son milieu. Ailes inférieures jaunâtres, avec les nervures et une large bande terminale fondue, noirâtres. Collier, crêtes du thorax et de l'abdomen d'un jaune roux. — ♀ semblable.

La chenille est voisine de celle de Gamma ; elle est polyphage, et se trouve sur une foule de plantes, telles que pariétaire, ortie, cytise, morelle, etc. Elle se chrysalide entre les feuilles, dans une coque composée de soie très blanche, molle et très mince. Le papillon éclôt vingt jours après. Il est commun dans toute la Provence, pendant une partie de l'année.

GUTTA, Gn. *Circumflexa*, S. V., Dup., Hb.

35m. Ailes supérieures avec une dent à l'angle interne comme *Chalcites* : d'un gris violâtre satiné, marbré de brun, surtout au bord terminal, avec l'espace médian depuis le bord interne jusqu'à la nervure médiane, d'un brun mordoré. Lignes médianes argentées ; l'extrabasilaire, droite, oblique ; se terminant à la nervure médiane ; la coudée entière, peu flexueuse, n'étant souvent argentée qu'à sa base ; la subterminale très vague, ombrée de noirâtre à sa partie supérieure et grisâtre à sa base. Disque orné des signes subcellulaires, réunis, formant un trait plus ou moins épais, coudé dans son milieu, oblique, imitant grossièrement un accent circonflexe, nettement dessiné en argent vif. Frange grise, précédée d'un liseré plus clair. Ailes inférieures grises, avec une bande marginale fondue, noirâtre, et la frange plus claire. Abdomen avec une crête noirâtre sur les trois premiers anneaux. — ♀ semblable.

La chenille vit sur les orties. Le papillon vole depuis le mois de mai jusqu'en septembre, en même temps que *Gamma*, et au crépuscule sur la lavande et les fleurs du persil. Il est assez commun dans la Charente (*Delamain*), mais assez rare partout ailleurs. Jura, *Bruand;* Indre, *Maurice Sand;* Aube, *Jourdheuille;* Pyrénées, *Fallou;* Alsace, *de Peyerimhoff;* Gironde, *Trimoulet;* Puy-de-Dôme, Allier, *Guillemot;* Autun, *Constant;* Dauphiné, Landes.

GAMMA, L., Dup., etc.

40ᵐ. Ailes supérieures d'un gris un peu rosé, satiné et nuancé de gris plus foncé, de noirâtre, et de gris verdâtre avec des reflets métalliques. Lignes bien marquées, fines, un peu dorées, bordées de noirâtre des deux cotés ; l'extrabasilaire ondulée, finissant à la nervure médiane ; la coudée rentrant fortement à son tiers inférieur ; la subterminale tortueuse, appuyée à l'angle interne contre une tache subtriangulaire grise. Taches ordinaires peu distinctes ; la réniforme très étranglée, à bords finement dorés ; l'orbiculaire petite, étroite, oblique. Signe subcellulaire d'un or pâle, ayant la forme d'un gamma couché (γ) et placé sur un espace noirâtre. Frange grise dentelée et entrecoupée de brun. Ailes inférieures d'un gris jaunâtre, avec une large bordure bien tranchée, noire. Frange jaunâtre ponctuée de noir. Crêtes abdominalès noirâtres. — ♀ semblable.

Chenille d'un vert pomme ou vert pâle, avec le onzième anneau un peu relevé, marqué dans toute sa longueur de six lignes fines, très sinueuses, blanches ou d'un blanc jaunâtre. A la hauteur des stigmates, il y a une raie fine, longitudinale, d'un jaune blanchâtre, bordée supérieurement par une teinte plus foncée. Tout le reste est vert. Elle vit sur presque toutes les plantes basses, et Réaumur parle des ravages qu'elle fit dans les jardins potagers en 1735. Le papillon est commun partout, depuis le milieu du printemps jusqu'en octobre. Il vole le jour assez vivement, ainsi que le soir au crépuscule.

Ni, Hb., Dup., Gn.

33ᵐ. Ailes supérieures peu aiguës à l'angle apical, avec une dent à l'angle interne, d'un gris cendré marbré et strié de brun rougeâtre. Lignes médianes argentées, bordées de brun ferrugineux des deux côtés ; l'extrabasilaire formant deux croissants au-dessus de la nervure médiane ; la coudée entière, inégalement ondulée ; la subterminale brune, très brisée, deux fois, en ≚ obtus, précédée de petits traits bruns noirs sur les nervures, et suivie dans l'espace terminal de quelques éclaircies argentées. Tache orbiculaire petite, en 8, brune, oblique, bordée d'argenté ; réniforme brune, très vague. Signes subcellulaires petits, séparés, mais très près l'un de l'autre ; le premier en forme d'U plutôt que de V ; le second en forme de point ovale, ces signes placés sur un espace noirâtre. Frange grise, double, précédée d'une série de petits croissants noirs, puis d'une raie blanchâtre, divisée par une fine ligne brunâtre. Ailes inférieures d'un gris brunâtre plus clair à la base ; frange blanchâtre, divisée par une série de taches brunes. Abdomen du mâle terminé par une touffe de poils fauves, sur laquelle viennent se réunir deux fascicules de la même couleur, qui naissent sur le cinquième anneau.

La chenille est peu connue ; on sait seulement qu'elle est polyphage. Le papillon éclôt depuis le mois de mai jusqu'en août. Il vole au crépuscule. France méridionale ; Lozère ; Basses-Alpes ; Indre, *Maurice Sand ;* Gironde, *Trimoulet ;* Collioure, *de Graslin*. Assez rare.

DAUBEI, Bdv., Dup., Gn.

29ᵐ. Assez voisine de *Ni ;* toujours plus petite ; ailes supérieures plus obtuses à l'angle apical, d'un gris strié et marbré de brun à reflets bronzés. Lignes médianes brunes, bordées d'argent et de rose ; l'extrabasilaire atteignant la côte, très brisée ; la coudée flexueuse, bien détachée ; la subterminale très anguleuse, bordée intérieurement de taches et de traits noirs, et de blanchâtre extérieurement. Taches ordinaires roses, bordées de brun et d'argent ; l'orbiculaire étroite, allongée, très oblique ; la réniforme étranglée dans son milieu, suivie d'un gros point noir. Signe subcellulaire rose, bordé de noir et d'argent ; placé sur un espace noirâtre, entre la nervure médiane et la sous-médiane. Ce signe ne ressemble à aucun autre de ceux de ce genre ; nous ne pouvons mieux le comparer qu'à un petit pied chaussé. Frange grise, double, précédée d'une série de petits traits noirs, puis d'une ligne rose divisée par un fin liseré brun. Ailes inférieures d'un gris noirâtre avec la base d'un gris jaunâtre. Frange blanchâtre divisée par des petits points gris. Cette jolie espèce a été découverte aux environs de Montpellier par M. Daube, auquel M. le docteur Boisduval l'a dédiée.

La chenille vit à découvert sur le *Sonchus maritimus*, sur le bord des eaux courantes ; en captivité on l'élève facilement avec des chicoracées. Elle se chrysalide au pied ou dans le voisinage de la plante qui la nourrit, dans une coque de soie très blanche. Le papillon vole presque toute l'année ; il est toujours très recherché. Environs de Montpellier.

Interrogationis, L., Dup., etc. (pl. 44, fig. 5)

36^{m}. Ailes supérieures avec une dent à l'angle interne, d'un gris-bleuâtre, avec la moitié inférieure des espaces médian et subterminal d'un gris noir. Lignes médianes grises, bordées de noir des deux côtés ; l'extrabasilaire formant trois courbes, et ne dépassant pas la nervure médiane ; la coudée entière, festonnée ; la subterminale, noire, très anguleuse, se détachant vivement sur l'espace terminal, et supérieurement sur un espace plus clair que le fond, situé entre elle et la tache réniforme. Cette tache, brune, étroite, à centre gris, finement bordée d'argent ; orbiculaire peu visible, en *V*.

Signes subcellulaires en argent ; le plus grand en forme de V, le second très petit, punctiforme, manquant souvent. Frange grise, fortement entrecoupée de brun. Ailes inférieures d'un gris jaunâtre, avec une large bordure brune, fondue. Frange blanchâtre entrecoupée de brun.

La chenille vit en mai et juin sur l'ortie brûlante (*Urtica urens*). Elle est encore mal connue. Le papillon habite principalement les montagnes alpines ; il éclôt en juin et juillet. Pyrénées-Orientales, *de Graslin ;* Vosges, à la Schlucht, contre les roches, *de Peyerimhoff;* nous l'avons pris nous-même dans cette localité, et dans les mêmes conditions. Assez rare en France, mais plus commun dans l'Europe septentrionale.

Ain, Hochenwarth, Hb., Dup.

36m. Ailes supérieures d'un gris foncé à reflets violâtres, avec l'espace médian noirâtre. Lignes médianes d'un gris clair argenté, bordées de noir des deux côtés ; l'extrabasilaire formant deux légères courbes depuis la nervure médiane jusqu'au bord interne ; la coudée ondulée supérieurement et sinuée à sa base ; subterminale formant deux grands angles noirs à sa partie supérieure, puis confondue dans la couleur du fond vers le bord interne. Tache réniforme brune, étranglée, finement bordée d'argent et de noir ; orbiculaire vague, ayant la forme d'un U très ouvert. Signe subcellulaire, figurant un gamma (γ) comme chez l'espèce de ce nom. Frange dentelée, grise, entrecoupée de noirâtre. Ailes inférieures d'un jaune souci, avec une large bande terminale, un peu fondue, noire. Frange jaune entrecoupée de noir. — ♀ semblable.

Chenille inconnue. Papillon en juillet. Alpes de la Suisse et de la Savoie ; vallée de Chamouny ; nous l'avons pris plusieurs fois dans les Basses-Alpes. Pas rare, mais rarement frais.

HOCHENWARTHII, Hochenw. *Divergens*, Fab., Dup., Gn.

28^{m}. Ailes supérieures d'un gris à reflets rougeâtres, avec la base, l'espace subterminal et une partie de l'espace terminal teintés de brun violâtre. Moitié inférieure de l'espace médian d'un brun noirâtre. Lignes médianes de la couleur du fond, bordées de brun des deux côtés ; l'extrabasilaire bien visible seulement jusqu'à la nervure médiane ; la coudée entière, peu sinuée ; la subterminale parallèle à la coudée, un peu plus sinuée. Tache réniforme brune, finement bordée de gris et de noir, se détachant extérieurement sur un espace d'un gris clair ; l'orbiculaire très vague. Signe subcellulaire en argent, figurant une virgule, bifide supérieurement. Frange grise, entrecoupée de points bruns. Ailes inférieures jaunes avec une bordure marginale noire, bien tranchée. — ♀ semblable.

Chenille inconnue. Le papillon paraît en juillet et août ; il habite les hauts sommets des montagnes alpines, où il butine pendant le jour dans les prairies pastorales. Hautes et Basses-Alpes ; Savoie. Pas rare.

DEVERGENS, Hb., Dup., Gn.

27^{m}. Très voisine de la précédente. Ailes supérieures plus courtes, plus larges, d'une couleur plus sombre, avec les lignes médianes plus ondulées, surtout la subterminale qui est très anguleuse. La frange est plus fortement entrecoupée ; les taches ordinaires sont plus visibles, surtout l'orbiculaire. Signe subcellulaire court, épais, arrondi inférieurement, et bifide supérieurement. Ailes inférieures d'un jaune orangé, avec une bande marginale un peu plus large, d'un noir plus foncé. — ♀ semblable.

La chenille découverte à Zermatt (Suisse), par M. Guenée, est proportionnellement plus courte que celles des autres espèces de ce genre. Elle est très moniliforme, très atténuée antérieurement, avec la saillie du onzième anneau peu sensible. Tout le corps est d'un violet très foncé, presque noir et velouté, avec les lignes ordinaires d'un blanc grisâtre. La tête est petite, globuleuse, noire, ainsi que les pattes écailleuses. Elle se trouve exclusivement sur les sommets, non loin des neiges, et se cache sous les pierres pendant le jour. Quant à sa nourriture, M. Guenée suppose qu'elle est polyphage. Le papillon éclôt à la fin de juillet ou dans les premiers jours d'août. Cette espèce habite comme la précédente les montagnes de la Suisse et de la Savoie. Pas rare.

Les trois dernières espèces que nous venons de décrire, se distinguent des autres *Plusies* par leurs ailes inférieures jaunes.

CALPIDÆ, Gn.

Cette famille ne contenant qu'un seul genre, voyez ci-dessous, pour les caractères de ce genre.

—

Genre CALPE, Tr.

Antennes assez courtes, garnies dans les deux sexes de lames pubescentes plus ou moins longues. Palpes larges, sans articles distincts, très velus, comprimés latéralement, une fois plus longs que la tête. Thorax globuleux, lisse, velu - squammeux, strié. Abdomen lisse, conique dans les mâles, très velu sur les premiers segments. Pattes à jambes épaisses et velues. Ailes supérieures velues - squammeuses, striées, très aiguës à l'angle apical, munies d'une forte dent au bord interne. Chenilles à seize pattes égales, rases, cylindriques, allongées, un peu moniliformes, de couleurs vives, se tenant à découvert sur les plantes basses. Chrysalides renfermées dans une coque légère, entre les feuilles ou les mousses.

Capucina, Esp. *Thalictri*, Bkh., Dup., Gn. (pl. 44, fig. 6.)

45^{m}. Ailes supérieures très aiguës et falquées à l'angle apical, avec une dent au bord interne, grande et saillante, d'un gris carné mélangé d'olivâtre, avec de nombreuses stries fines d'un gris clair. Lignes médianes et taches ordinaires, oblitérées ; subterminale très distincte, d'un brun ferrugineux, allant obliquement de l'angle apical, jusque vers la dent du bord interne.

Espace compris entre cette ligne et le bord terminal d'une nuance plus claire que le fond. Ailes inférieures d'un gris ocracé, avec une large bande marginale grise. Thorax strié transversalement. Palpes très longs et coupés carrément. — ♀ semblable.

La chenille vit en mai sur le pigamon (*Thalictrum flavum*). Cette curieuse espèce paraît en juin et juillet, et n'a encore été trouvée que dans les environs de Perpignan. Peu commune.

GONOPTERIDÆ, Gn.

Cette famille ne comprenant qu'un seul genre, voyez ci-dessous pour les caractères de ce genre.

—

Genre GONOPTERA, Lat.

(*Scoliopteryx*, Germar.)

Antennes courtes, fortement ciliées, à barbules pubescentes dans les mâles, crénelées chez les femelles. Palpes dirigés en avant, dépassant de beaucoup la tête ; les deux premiers articles épais, squammeux ; le troisième long, nu, linéaire. Thorax carré, à collier relevé et caréné. Abdomen d'égale largeur dans toute sa longueur, aplati dans les deux sexes ; son extrémité coupée carrément dans le mâle, et arrondi dans la femelle. Bord terminal des ailes supérieures profondément découpé. Chenilles à seize pattes égales, rases, lisses, effilées, atténuées aux extrémités, à tête petite et globuleuse ; vivant à découvert à l'extrémité des branches.

Chrysalides renfermées dans des coques de soie oblongues, filées entre les feuilles à l'extrémité des branches.

Libatrix, L., Dup., Gn. (pl. 44, fig. 7.)

45^{m}. Ailes supérieures très anguleuses au bord terminal ; d'un gris rougeâtre, mêlé de blanc vers la côte, avec l'espace basilaire et la plus grande partie de l'espace médian d'un jaune rougeâtre. Lignes médianes blanchâtres, bien distinctes, sinueuses ; l'extrabasilaire simple ; la coudée géminée. La tache orbiculaire est figurée par un point blanc et la réniforme par deux points noirs. Un point blanc à la base des ailes. Ailes inférieures grises, avec une ligne transverse obscure.

La chenille est effilée, d'un beau vert velouté, avec les incisions jaunâtres ; la vasculaire foncée et la sous-dorsale jaune liserée intérieurement de noir. Elle vit sur les saules et se chrysalide dans des feuilles liées, à l'extrémité des branches. Le papillon se trouve pendant presque toute l'année. Il passe l'hiver dans les trous des murs, les grottes, les caves, etc. Très commun partout.

AMPHIPYRIDÆ, Gn.

Antennes crénelées dans les mâles. Palpes ascendants, bien développés. Spiritrompe moyenne. Abdomen déprimé, terminé dans les mâles par un bouquet de poils élargi. Ailes épaisses, luisantes ou soyeuses. Papillons de taille grande ou moyenne. Chenilles à seize pattes égales, allongées, cylindriques, atténuées antérieurement, rases, à tête petite, à lignes distinctes.

Genre AMPHIPYRA, Tr.

Antennes filiformes dans les deux sexes. Palpes ascendants, épais, recourbés au-dessus de la tête, qu'ils dépassent très peu, leur dernier article aigu, très court. Thorax lisse, arrondi. Abdomen lisse, aplati, finissant en pointe. Pattes fortes, à ergots prononcés. Ailes supérieures luisantes, entières, presque rectangulaires, à lignes et taches plus ou moins effacées. Chenilles épaisses, rases, de couleur verte, ayant le dos du onzième anneau souvent relevé en pyramide, et les lignes bien distinctes ; vivant à découvert sur les arbres ou les plantes basses. Chrysalides contenues dans des coques de soie ou de débris à la surface de la terre.

Les papillons se reconnaissent facilement à leurs ailes aplaties dans l'état de repos. Cette forme déprimée leur permet de se glisser dans les fentes les plus étroites, sous les vieilles écorces, derrière les volets des maisons, etc.

Pyramidea, L., God., Gn. (pl. 44, fig. 9.)

46 à 50^{m}. Ailes supérieures oblongues, dentées, d'un brun plus ou moins rougeâtre, avec toutes les lignes d'un gris clair bordé de noirâtre ; l'extrabasilaire en zigzag ; la coudée festonnée ; la subterminale maculaire, précédée de traits sagittés noirs. Tache orbiculaire grise ou brune, pupillée de noir ; la réniforme invisible ; ces deux taches placées sur une ombre noire, longitudinale ; quelquefois un trait semblable au-dessus de la sous-médiane. Frange précédée d'une série de points

blanchâtres. Ailes inférieures d'un ferrugineux cuivré, luisant, avec la côte noirâtre. — ♀ semblable.

La chenille a le dos du onzième anneau relevé en pyramide aiguë (d'où le nom de cette espèce) ; elle vit en mai sur le chêne, le prunellier, l'aubépine, l'orme, le saule, etc. Elle est souvent assez commune, mais ne s'élève pas toujours bien. Le papillon éclôt en juillet et n'est pas rare sous les bois coupés, les barrières des routes, etc. Toute la France.

Perflua, Fab., God., Gn.

Cette espèce a la même taille, le même port d'ailes et les mêmes dessins que *Pyramidea*. Ailes supérieures grises, avec une large bande médiane d'un brun noirâtre ; l'espace basilaire saupoudré de noirâtre ainsi que l'espace terminal. Lignes médianes d'un gris clair, bien tranchées ; l'extrabasilaire en zigzag ; la coudée très denticulée ; la subterminale dentée. L'espace subterminal est, en outre, divisé par trois traits bruns, placés sur les nervures, entre lesquelles on voit quelques points bruns. Tache orbiculaire petite, grise, peu marquée et pupillée de noir ; réniforme nulle. Frange festonnée. Ailes inférieures grises à frange plus claire. — ♀ semblable.

La chenille vit sur les arbres comme celle de *Pyramidea ;* et le papillon éclôt en août ; il habite l'Allemagne et aussi, dit-on, le nord de la France, mais nous n'avons pas de renseignements bien précis à cet égard. Assez rare.

EFFUSA, Bdv., Dup., Gn.

44^{m}. Ailes supérieures subparallèles, arrondies au bord marginal, d'un gris brunâtre fuligineux, luisant, avec la côte marquée de sept à huit gros points d'un noir brun. Toutes les lignes grises, peu tranchées ; les deux médianes bordées de brun ; la coudée festonnée, suivie d'une série de points blanchâtres, entrecoupant les nervures qui sont noires et traversent l'espace subterminal. Quelques traits sagittés noirs, s'appuient sur la ligne subterminale qui est plutôt maculaire que continue. Taches ordinaires assez grandes, bien marquées, un peu plus claires ; la réniforme un peu étranglée, tachée de noir en haut et en bas, ces deux taches séparées par une ombre noire, qui reparaît au-delà de la réniforme ; la claviforme bordée de noir, appuyée sur un point noir ; un autre point noir à la base de l'aile. Frange concolore, double, festonnée et précédée d'un série de points noirs bordés de gris. Ailes inférieures d'un gris fuligineux ainsi que la frange.

La chenille est d'un beau vert pomme, avec le onzième anneau relevé en pyramide ; elle vit sur une foule de plantes telles que : cytise, ciste, daphné, bruyères, etc. Elle éclôt en décembre, passe l'hiver et se chrysalide en avril. Le papillon éclôt cinq ou six semaines après. France méridionale, Provence, environs d'Hyères, Pyrénées-Orientales, *de Graslin*. Pas rare.

SYNTOMOPUS, Gn.

CINNAMOMEA, Bkh., Gn., *Conica*, Esp., God. (pl. 44, fig. 8.)

45^{m}. Ailes supérieures d'un brun cannelle, très saupoudrées d'écailles blanchâtres dans la moitié supérieure de l'aile et au bord interne, avec les nervures noires. Lignes noires distinctes à la côte et au bord interne ; l'extrabasilaire formant trois grands angles très aigus ; la coudée peu distincte ; la subterminale très brisée. Taches figurées par des points vagues, clairs. Ailes inférieures d'un rouge cuivré clair, avec la côte plus pâle.

La chenille est d'un vert jaunâtre, avec la ligne vasculaire fine, blanche ou citron, sans éminence sur le onzième anneau. Elle vit principalement sur l'orme, mais aussi sur le prunellier, le peuplier et peut-être sur le chêne en mai et juin. Le papillon éclôt en juillet, août et septembre. Il passe probablement l'hiver, car M. de Peyerimhoff l'a pris en novembre, et M. Gerber, en avril. Assez commun dans l'Indre et en Auvergne, *Maurice Sand*, *Guillemot ;* assez rare dans les autres localités ; Alsace, Lozère, Saône-et-Loire, *Constant ;* Alsace, *Gerber*, *de Peyerimhoff ;* nous l'avons pris plusieurs fois sous les écorces des vieux chênes, dans la forêt de Fontainebleau. Mêmes habitudes que *Pyramidea*, mais toujours plus rare.

SCOTOPHILA, Hb. Dup., Bdv.

TRAGOPOGONIS, L., God., etc.

37 à 40^{m}. Ailes supérieures d'un gris noirâtre lui-

sant, un peu plus clair au bord terminal, uniforme, avec une petite touffe de poils gris à la base près du bord interne. Taches ordinaires figurées par trois points noirs, disposés en triangle allongé. Lignes nulles. Trois petits traits virgulaires blancs à la côte près de l'angle apical. Ailes inférieures grises, plus claires à la base. — ♀ semblable.

La chenille est très jolie ; elle est d'un beau vert pomme, avec cinq lignes longitudinales blanches. Elle vit en juin sur une infinité de plantes basses, sans en affectionner aucune. Le papillon éclôt en juillet et août ; il est commun sous les vieilles écorces, derrière les volets des maisons, etc.

Tetra, Fab., God., Gn.

Très voisine et souvent confondue avec la précédente. Ailes supérieures d'un brun noirâtre luisant, *sans points noirs sur le disque.* Trois traits virgulaires blancs. Ailes inférieures d'un gris rougeâtre luisant.

La chenille est peu connue. Selon Fabricius elle ressemble beaucoup à celle de *Tragopogonis*, et vit comme elle sur différentes plantes basses. Papillon en août. France méridionale. Très rare.

Livida, S.V., God., Gn.

40 à 43m. Ailes supérieures d'un noir brun luisant, uniforme, sans points ni lignes. Un petit bouquet de poils roussâtres à la base, près du bord interne. Ailes inférieures d'un rouge cuivré pâle, avec la côte et une bordure marginale étroite, n'atteignant pas l'angle anal, noirâtres. — ♀ semblable

La chenille vit sur les plantes basses. Le papillon paraît en juillet, août et septembre. France méridionale ; Nancy, *Godart ;* Aube, *Jourdheuille ;* Auvergne, *Guillemot ;* Autun, *Roidot-Deléage.* Rare.

Genre MANIA, Tr.

Antennes filiformes dans les deux sexes. Palpes courts, dépassant peu la tête, épais, à articles peu distincts ; le deuxième large, le troisième très court, obtus. Thorax large, carré, convexe, velu, fortement crêté. Abdomen un peu déprimé, caréné et terminé dans les mâles par un bouquet de poils, large et coupé carrément. Ailes supérieures dentées, coudées, à lignes et taches distinctes. Chenilles cylindriques. épaisses, veloutées, à seize pattes égales, rases, allant en grossissant du premier au onzième anneau, qui est marqué d'une arête, à tête petite, globuleuse, vivant sur les plantes basses, cachées pendant le jour. Chrysalides enterrées.

MAURA, L., God., Gn.

70m. Ailes supérieures dentées, d'un gris noirâtre, avec tout l'espace médian plus noir et l'espace basilaire moucheté de noir. Lignes médianes noires, géminées ; l'extrabasilaire courbe, brisée ; la coudée presque droite, flexueuse ; la subterminale simple, largement dentée, ombrée de noirâtre intérieurement, et de grisâtre extérieurement. Espace terminal avec une grande tache d'un gris blanchâtre à l'angle apical. Taches ordinaires et nervure médiane se dessinant en gris clair sur l'espace médian ; les deux taches grandes, irrégulières, se touchant quelquefois à leur base. Frange précédée d'un feston noirâtre. Plusieurs traits costaux noirâtres et trois traits virgulaires blancs. Ailes inférieures de la couleur des supérieures, avec une large bande terminale plus noire, bordée intérieurement par une ligne droite, un peu coudée à sa base, et extérieurement par une bande étroite d'un gris clair. Frange précédée d'une ligne ondulée noirâtre. — ♀ semblable, souvent un peu plus pâle que le mâle.

La chenille vit en avril et mai, dans les lieux humides, sur différentes plantes basses, et aussi sur quelques arbres et arbustes, tels que aulne, saule, prunellier, oseille, mouron, cynoglosse, etc. Le papillon se trouve, en juin et juillet, dans les endroits sombres et humides, sous les ponts, dans les caves, les vieux murs, etc. Assez commun partout.

Nœnia, Stph.

Typica, L., Dup., Gn. (pl. 44, fig. 10.)

40 à 44m. Ailes supérieures d'un gris brunâtre, plus ou moins foncé, avec l'espace basilaire et la côte marbrés de brun. Nervures et lignes d'un gris pâle, celles-ci bordées de brun des deux côtés ; subterminale précédée de taches cunéiformes noires, dont quatre plus grandes que les autres, savoir : deux à la côte près de l'angle apical, et deux vis-à-vis de la tache réniforme. Taches grandes, bien marquées, concolores, bordées de gris blanchâtre ; ces deux taches sur un espace

d'un brun noir. Frange festonnée, précédée d'une série de petites taches triangulaires noires. Ailes inférieures grises, très sinuées au bord marginal. — ♀ semblable.

La chenille vit en petites familles dans son jeune âge ; c'est en mai qu'il faut la chercher dans les lieux humides, sous les feuilles et plantes basses, telles que : orties, cynoglosse, oseille ; on la trouve aussi quelquefois sur le saule à cinq étamines, *Salix pentandra.* Le papillon éclôt en juin et juillet ; il a les mêmes mœurs et se trouve dans les mêmes lieux que *Maura.* Partout et assez commun.

TOXOCAMPIDÆ, Gn.

Antennes moyennes, crénelées de cils multiples chez les mâles, à palpes comprimés, à dernier article très court, à trompe courte, à thorax lisse, dont le collier ordinairement discolore, à abdomen un peu déprimé, lisse, à pattes longues, à ailes entières ; les supérieures lisses, pulvérulentes ; les inférieures discolores, sans dessins. Les chenilles sont rases, allongées, atténuées aux deux extrémités, à seize pattes, mais dont les premières ventrales plus courtes, à tête petite et globuleuse ; vivant sur les plantes basses. Chrysalides renfermées dans des coques filées entre les broussailles.

Genre SPINTHEROPS, Bdv.

Antennes très minces, légèrement pubescentes dans les mâles, sétacées dans les femelles. Palpes ascen dants, recourbés au-dessus de la tête, à deuxième article comprimé, garnis de poils très longs, serrés et disposés en demi-cercle. Thorax étroit, peu convexe, velu. Abdomen long, lisse, très déprimé, glabre, presque semblable dans les deux sexes. Pattes et ergots très longs. Ailes supérieures épaisses, luisantes, un peu oblongues, arrondies au bord terminal, à franges longues et velues, à lignes distinctes, mais à taches réduites ; les inférieures larges, concolores, sans dessins. Chenilles rases, cylindriques, veloutées, très allongées, atténuées aux extrémités, à tête globuleuse, à lignes noires ; vivant à découvert sur les légumineuses. Chrysalides dans des coques de soie filées entre les branches.

Spectrum, Esp., God., Gn. (pl. 45, fig. 1.)

70 à 75[m]. Ailes supérieures oblongues, un peu dentées, d'un gris blond soyeux, avec les deux lignes médianes bien marquées, noires ; l'extrabasilaire largement ondulée ; la coudée faisant un coude très prononcé en entourant la tache réniforme ; la subterminale maculaire, d'un blanc jaunâtre, ombrée de noirâtre intérieurement. Tache orbiculaire petite, punctiforme, blanchâtre ; la réniforme concolore, bordée de noirâtre et de blanc jaunâtre ; cette dernière tache souvent peu distincte. Ombre médiane noire, touchant la coudée à sa moitié inférieure. Frange précédée d'une série de points noirs. Ailes inférieures d'un gris blond uni. — ♀ semblable.

La chenille vit en mai sur plusieurs espèces de genèts, principalement sur le *Genista juncea :* elle se chrysalide dans une coque molle, formée de soie blanche et filée entre les feuilles. Le papillon éclôt en août et septembre ; il est commun dans le midi de la France, aux environs de Montpellier et dans les Pyrénées-Orientales, et se trouve dans les mêmes conditions que *Maura.*

Cataphanes, Hb., Dup., Gn.

40m. Ailes supérieures d'un gris jaunâtre luisant, avec toutes les lignes noirâtres et du même dessin que chez *Spectrum ;* l'ombre médiane souvent peu marquée ; toutes ces lignes terminées à la côte par des petites taches noires. Taches ordinaires peu visibles ; la réniforme figurée par un petit croissant noirâtre, et l'orbiculaire par un petit point blanchâtre accolé à un point noir. Frange longue, entrecoupée de noirâtre et précédée d'une série de petites lunules noires. Ailes inférieures grises, avec une raie médiane et la frange d'un jaunâtre clair. — ♀ semblable.

Chenille en mai sur l'ajonc-marin, *Ulex europeus.* Papillon en juillet et août. Environs de Digne (*Basses-Alpes*) ; Collioure, (*Pyrénées-Orientales*) ; Puy-de-Dôme, *Guillemot.* Très rare.

Dilucida, Hb., Dup., Gn.

42m. Ailes supérieures plus étroites à la base que chez les espèces précédentes ; ce qui les fait paraître plus triangulaires. Le fond de leur couleur est d'un gris jaunâtre, plus foncé au bord marginal, avec les mêmes lignes et dessins que *Cataphanes ;* la subterminale seule est plus ombrée de noirâtre intérieurement et à sa partie supérieure. Frange entrecoupée de brun. Ailes inférieures grises avec une raie médiane et la frange plus pâles. Abdomen très long, de la couleur des inférieures.

La chenille est connue, mais n'a pas encore été publiée ; elle vit en juin et le papillon paraît en juillet. Pyrénées-Orientales, *de Graslin ;* France méridionale ; environs de Digne ; Auvergne, dans les habitations, *Guillemot ;* Autun, un seul exemplaire, *Constant.* Pas rare.

Genre TOXOCAMPA, Gn.

Antennes assez courtes, visiblement crénelées de cils courts, isolés. Palpes peu ascendants, comprimés ; le deuxième article large, arrondi ; le troisième très court et en bouton. Spiritrompe grêle. Corps mince, relativement aux ailes. Thorax lisse, à collier caréné, presque toujours noir ou brun. Abdomen long, lisse, plus ou moins déprimé, terminé par un faisceau de poils, triangulaire dans les mâles, et en cône obtus dans les femelles. Pattes longues, à ergots forts. Ailes supérieures moins larges que les inférieures, à tache réniforme distincte, noire. Les inférieures sans dessins. Chenilles allongées, rases, lisses, atténuées aux extrémités, à seize pattes, vivant sur les légumineuses herbacées. Chrysalides renfermées dans des coques filées entre les broussailles.

Les espèces de ce genre se reconnaîtront toujours facilement à leur collier, qui tranche en brun ou en noir sur le gris du thorax, et à la couleur de la tache réniforme, quoiqu'elle soit souvent en partie oblitérée.

CRACCÆ, S.V., Gn.

38 à 41m. Ailes supérieures un peu aiguës à l'angle apical ; un peu sinuées au bord terminal ; d'un gris violâtre, sablé de brun, avec l'espace subterminal d'un brun roux, et les nervures détachées en jaune d'ocre. Tache réniforme étroite, brune, plus ou moins entourée de taches noires, mais toujours du côté interne. Quatre taches noires bien marquées à la côte. Ailes inférieures d'un gris clair, avec une bordure noirâtre fondue. Tête et collier d'un noir velouté. — ♀ semblable.

La chenille est d'un gris brun, avec la région dorsale plus foncée, traversée par une vasculaire blanche, moniliforme, et divisée par un filet noir. Elle vit en juin sur la *Vicia multiflora*. Le papillon éclôt en juillet et août. Toute la France, mais plus ou moins commun, selon les localités.

VICIÆ, Hb., Dup., Gn.

37m. Ailes supérieures plus larges et plus courtes que *Craccæ ;* d'un gris violâtre ou rosé, entièrement striées de brun roux, avec les espaces terminal et subterminal d'un brun roussâtre, et les nervures bien marquées en blanchâtre. Les lignes ordinaires sont mieux écrites, et la subterminale se découpe nettement en blanchâtre. La tache réniforme est plus large, et les points noirs qui la bordent, plus interrompus au milieu. Les taches de la côte sont brunes et non noires. Ailes inférieures d'un gris jaunâtre, avec une bande marginale d'un gris plus foncé. Tête et collier d'un brun velouté foncé. — ♀ semblable.

La chenille est d'un gris clair, avec la région dorsale plus foncée, et la vasculaire formant une série de losanges traversés par un trait noir. Elle vit en mai et juin sur la *Vicia dumetorum*. Le papillon éclôt en juillet ; il est beaucoup moins répandu que *Craccæ*. France centrale ; Indre, *Maurice Sand ;* Saône - et - Loire ; *Constant*.

PASTINUM, Tr., Gn., *Lusoria*, God. (pl. 45, fig. 2.)

40m. Ailes supérieures aiguës à l'angle apical, un peu falquées au bord marginal ; d'un gris lilas, finement striées de noir, avec la côte, l'espace terminal et les lignes médianes vagues et brunâtres ; subterminale précédée d'une ombre brune qui s'élargit à la côte. Tache orbiculaire figurée par un point noir ; réniforme noire, longue, étroite, plus ou moins élargie par en bas, où elle est suivie d'un ou de deux petits points noirs. Ailes inférieures d'un gris clair, avec une bande médiane un peu plus claire. Tête et collier d'un brun velouté foncé. — ♀ semblable.

La chenille est d'un gris de lin pointillé de noir, avec toutes les lignes marquées en clair, et entrecoupées de points d'un jaune orangé. Elle vit en mai sur la *Vicia cracca*. Le papillon éclôt en juin et juillet ; il est beaucoup moins répandu que *Craccæ*. Indre, *Maurice Sand ;* Saône-et-Loire, *Constant ;* assez rare dans ces localités, mais commun aux environs de Paris et dans le département de l'Aube. Il se trouvera probablement dans beaucoup d'autres endroits où l'on a négligé de le chercher jusqu'à présent.

LUSORIA, L., Gn., *Orobi*, Dup.

43 à 47ᵐ. Très voisine de *Pastinum*, mais toujours plus grande ; d'un gris roussâtre, finement pointillé de brun, avec l'ombre brune qui précède la subterminale, mieux marquée, plus ondulée. Tache orbiculaire figurée par un très petit point noir ; réniforme plus élargie par en bas, plus triangulaire, presque jamais suivie de points noirs. Ailes inférieures d'un gris jaunâtre, plus foncé au bord marginal. Tête et collier d'un brun foncé. — ♀ semblable.

Chenille d'un gris jaunâtre pointillé de noir, avec la ligne vasculaire large, d'un gris noir, de chaque côté de laquelle est une ligne d'un rouge de brique. Elle vit en mai sur la réglisse batarde (*Astragalus glyciphyllos*). Le papillon éclôt en juillet ; il est très rare en France. Indre, *Maurice Sand ;* Basses-Alpes, butine le soir sur les fleurs de lavande, *Bellier*.

STILBIDÆ, Gn.

Cette famille ne comprenant qu'un seul genre, voyez ci-dessous pour les caractères de ce genre.

—

Genre STILBIA, Stph.

Antennes longues, minces, finement pubescentes dans les mâles. Palpes courts, écartés, à articles à peine distincts. Spiritrompe grêle et courte. Thorax court, globuleux, avec une touffe épaisse de poils à sa base. Abdomen long, lisse et glabre, grêle dans les mâles, gros et fusiforme dans les femelles. Pattes longues, minces. Ailes supérieures étroites, luisantes, prolongées à l'angle apical, à taches bien distinctes, se recouvrant en partie et en toit très incliné dans le repos. Chenille cylindrique, rase, épaisse, marquée de lignes distinctes ; vivant sur les graminées. Chrysalide enterrée.

ANOMALA, Haw. *Hybridata*, Hb., Gn. *Stagnicola*, Tr., Dup. (pl. 45, fig. 4.)

35ᵐ. Ailes supérieures d'un gris foncé luisant, avec toute la partie supérieure plus foncée. Lignes bien distinctes, subparallèles, denticulées, géminées ; la subterminale précédée de petits traits foncés, surtout au sommet. Taches ordinaires bien écrites, écartées, presque égales, dessinées en gris blanc et cerclées de noirâtre ; l'orbiculaire très oblique, oblongue ; la réniforme normale. Frange concolore, précédée d'un liseré fin. Ailes inférieures d'un blanc sale uni. — ♀ plus courte, à ailes supérieures plus étroites, plus foncées, absorbant en partie les lignes et les taches.

La chenille varie beaucoup pour la couleur, qui est d'un vert jaunâtre, ou d'un gris rosé, ou d'un brun cannelle, avec les lignes vasculaire et sous-dorsales, fines, contiguës, d'un blanc jaunâtre ; la stigmatale large, d'un blanc bleuâtre. Elle vit en hiver sur les graminées, dans les clairières des bois. Nous l'avons trouvée dans les endroits arides et sablonneux de la forêt de Fontainebleau, parvenue à toute sa taille à la fin de février. Le papillon éclôt à la fin d'août et en septembre ; on se le procure en battant les arbres, d'où il tombe en voltigeant faiblement ; mais il se tient plus habituellement dans les herbes, près de terre ; se prend aussi à la miellée sur les bruyères. Indre, *Maurice Sand ;* Gironde, *Trimoulet ;* Alsace, *de Peyerimhoff ;* Auvergne, *Guillemot ;* Autun, *Constant ;* Sarthe, de *Graslin.* Pas très commun.

CATEPHIDÆ, Gn.

Antennes filiformes. Palpes ascendants, courts, troisième article bien distinct. Spiritrompe forte, moyenne. Thorax fortement crêté, à collier un peu relevé. Abdomen plus ou moins crêté ou velu en dessus. Pattes courtes, ailes épaisses, squammeuses, veloutées, dentées, à frange longue, les inférieures ayant toujours le disque ou la base blancs. Chenilles allongées, à seize pattes, vivant sur les arbres ou les plantes basses. Chrysalides renfermées dans des coques filées contre les troncs ou entre les broussailles.

Cette famille comprend deux genres et trois espèces, reconnaissables à leurs ailes supérieures sombres, et à leurs inférieures blanches à larges bordures noires.

Genre CATEPHIA, Tr.

Antennes crénelées de poils fins. Palpes minces, ascendants, le deuxième article grêle, arqué, le troisième linéaire, long. Spiritrompe robuste, moyenne.

Thorax couvert de poils épais et laineux. Abdomen conique, crêté dans les deux sexes. Jambes antérieures velues. Ailes épaisses, veloutées, dentées. Chenilles aplaties en-dessous, ayant le ventre marqué de taches noires, à tête arrondie, assez grosse, à trapézoïdaux saillants, pyramidaux et pilifères, à pattes écailleuses inégales, membraneuses, longues ; vivant à découvert sur les arbres. Chrysalides contenues dans des coques légères.

Alchymista, Geoffroy, God., Gn. *Leucomelas*, Hufn. (pl. 45, fig. 5.)

43^m. Ailes supérieures dentées, noires, variées de brun, avec l'espace terminal plus clair. Lignes ordinaires distinctes, fines, noires, sinuées ; la subterminale vague, brune, terminée à la côte par un filet blanc. Taches peu distinctes, la réniforme ayant au-dessous; un anneau ovale, touchant la coudée. Des traits costaux blancs et distincts. Ailes inférieures noires, avec une large tache discoïdale blanche. Frange blanche avec le milieu noir. Thorax noir. Abdomen fortement crêté. — ♀ semblable.

La chenille vit en août sur le chêne et sur l'orme ; elle est très difficile à élever. Le papillon se trouve en mai et juin ; troncs des arbres, miellée ; un peu partout, mais toujours rare.

Genre ANOPHIA, Gn.

Antennes assez courtes, filiformes. Palpes courts, ascendants, appliqués contre le front, le troisième article de moitié environ du second, obtus. Thorax convexe, velu, crêté, à collier épais, un peu saillant. Abdomen velu, fortement crêté, terminé par un bouquet de poils touffus. Ailes à franges longues ; les supérieures étroites près de la base, avec le bord interne un peu creusé ; les inférieures arrondies, blanches sur le disque, à frange bicolore.

Chenilles allongées, cylindriques, à onzième anneau renflé, sans éminences, à tête arrondie ; vivant à découvert sur les convolvulacées. Chrysalides renfermées dans des coques, à la surface de la terre.

LEUCOMELAS, L., S.V., God., Gn.

40mm. Ailes supérieures noires variées de brun, avec une grande tache à la côte, entre l'ombre médiane et la coudée, d'un blanc rougeâtre. Lignes médianes fines, noires, sinuées ; la subterminale très sinuée, maculaire, terminée à la côte par des traits cunéiformes noirs. Taches ordinaires peu distinctes. Ailes inférieures noires avec la tache blanche de la base, plus petite et plus arrondie inférieurement que chez *Alchymista*. Frange blanche, avec l'angle externe et le milieu noir. — ♀ semblable.

Cette espèce se distinguera toujours facilement de *Alchymista*, à laquelle elle ressemble pour la couleur ; par la tache rougeâtre de la côte, par la tache blanche arrondie des ailes inférieures, et enfin par sa taille toujours plus petite.

La chenille vit sur le grand liseron (*Convolvulus sepium*). Papillon en juin et juillet. Ouest de la France ;

Saône-et-Loire sur les côteaux calcaires, *Constant*. Peu répandu et toujours assez rare.

RAMBURII, Bdv., Dup., Gn. (pl. 45, fig. 6.)

34 à 38m. Très voisine d'*Alchymista ;* taille plus petite ; ailes supérieures d'un brun noirâtre, plus ou moins marbrées de ferrugineux, avec les lignes médianes noires ; l'extrabasilaire formant trois ondulations ; la coudée sinueuse, festonnée, doublée d'une autre ligne moins noire ; subterminale d'un noir moins intense, bordée de blanc rougeâtre. Taches ordinaires un peu plus claires que le fond, bordées de noir, et de blanc extérieurement. Un anneau elliptique sous l'orbiculaire, et une éclaircie roussâtre sous la réniforme. Plusieurs traits costaux blancs. Frange festonnée et précédée d'une série de petites lunules noires. Ailes inférieures d'un noir chatoyant en fauve doré, avec le disque d'un blanc luisant et irisé. Frange blanche, noire dans son milieu. — ♀ semblable.

La chenille vit en mai, sur le grand liseron (*Convolvulus sepium*), dont elle mange les feuilles et les fleurs ; elle se chrysalide dans une coque de terre fort solide, dans laquelle il n'entre pas de soie, enterrée très profondément. Le papillon éclôt au commencement d'août. France méridionale. Marseille ; Montpellier ; Landes ; Gironde, *Trimoulet*. Assez rare.

BOLINIDÆ, Gn.

Cette famille ne comprenant qu'un seul genre, voyez ci-dessous pour les caractères de ce genre.

—

Genre BOLINA, Dup.

Antennes longues et filiformes dans les deux sexes. Palpes ascendants, bicolores, les deux premiers articles d'égale longueur, épais, squammeux ; le troisième très court et tuberculiforme. Spiritrompe assez longue. Thorax subcarré, lisse. Abdomen lisse, peu velu, conique et aigu dans les deux sexes. Pattes longues. Ailes supérieures à angle apical arrondi ; n'ayant que la tache réniforme visible, très grande. Ailes inférieures blanches à bordure noire, comme celle du genre *Catephia*. Chenille ayant l'aspect des *Catocalides* et des *Ophiusides ;* vivant à découvert sur les saules. Chrysalides renfermées dans de légères coques de soie grisâtre.

Cailino. Lefebvre, Rbr. (pl. 45, fig. 7.)

32 à 40^{m}. Ailes supérieures avec l'espace basilaire d'un noir bleuâtre ; l'espace médian d'un jaune roussâtre ; l'espace subterminal d'un brun foncé ; et l'espace terminal d'un gris cendré bleuâtre. Tous ces espaces nettement limités par les lignes ; l'extrabasilaire oblique, géminée, ondée, noire ; la coudée très anguleuse, bordant toute la partie claire de l'espace médian ; la subterminale brune, géminée, ondulée,

arrondie à sa base vers l'angle interne. Ombre médiane droite, entière, formée de deux lignes ferrugineuses. Tache réniforme, petite, étroite, en croissant, brune, cerclée de noir, et se détachant extérieurement sur un trait blanc. Frange d'un brun roussâtre, grise à l'angle apical et à l'angle interne, précédée d'une série de petits points noirs et blancs, Ailes inférieures blanches, avec une large bordure marginale noire, ondulée intérieurement, et échancrée vers la frange par une tache blanche. Frange blanche un peu noirâtre dans son milieu. — ♀ semblable.

La chenille vit au bord des eaux sur l'osier blanc (*Salix viminalis*). Le papillon a deux générations par an ; la première en mai, la seconde en août ; il se prend à la lanterne sur les lavandes fleuries. France méridionale ; Provence, Aix, Montpellier ; Digne ; Celles-les-Bains, (*Ardèche*). Sans être bien rare, cette jolie espèce est toujours recherchée.

CATOCALIDÆ, Bdv.

Cette famille ne comprenant qu'un seul genre, voyez ci-dessous pour les caractères de ce genre.

—

Genre CATOCALA, Schr.

Antennes longues, grêles, pubescentes dans les mâles, filiformes dans les femelles. Palpes ascendants, connivents ; le deuxième article épais, squammeux, le troisième très distinct. Spiritrompe longue et forte. Thorax convexe, squammeux, subcarré. Abdomen long, conique, crêté ou velu en-dessus et terminé par un bouquet de poils dans les deux sexes. Pattes longues et robustes. Ailes larges, épaisses ; les supérieures pulvérulentes, à lignes dentées et très distinctes ; les inférieures bleues, rouges ou jaunes, avec des bandes noires. Chenilles allongées, aplaties en dessous, atténuées aux deux extrémités, garnies de poils courts et raides de chaque côté du corps, marquées de taches noires sur le ventre, à tête aplatie et coupée obliquement ; vivant à découvert sur les arbres, et se tenant pendant le jour appliquées contre le tronc ou les branches. Chrysalides recouvertes d'une efflorescence bleuâtre, renfermées dans des coques de soie légères, filées entre les feuilles ou les écorces.

Les papillons de ce genre sont généralement de grande taille ; ils sont connus sous le nom vulgaire de *Likenées*, parce que leurs chenilles ordinairement grises, se confondent sur le tronc des arbres avec les lichens qui les entourent. On désigne aussi les espèces sous les noms de ***Likenée bleue***, de ***Mariée (Nupta)***, de ***Fiancée (Sponsa)***, de ***Promise (Promissa)***, d'***Accordée*** ou de ***Choisie (Electa)***, de ***Désirée (Optala)***, de ***Paranymphe (Paranympha)***, etc. Leurs ailes supérieures sont si variées de couleurs et si compliquées de dessins, qu'il est presque impossible de les décrire brièvement, d'une manière satisfaisante. Les ailes inférieures au contraire, n'ayant jamais que deux bandes noires sur un fond uniforme, bleu, rouge ou jaune, nous avons mis tous nos soins à décrire ces bandes, surtout la médiane, le plus minutieusement possible, parce que nous pensons que c'est par elles que l'on peut arriver le plus facilement à la détermination des espèces.

Ailes inférieures bleues

FRAXINI, L., etc.

93^{m}. Ailes supérieures d'un gris cendré plus ou moins saupoudré d'atomes noirâtres, avec les deux lignes médianes noirâtres ; l'extrabasilaire ondulée, géminée ; la coudée anguleuse, bordée extérieurement d'une autre ligne jaunâtre ; la subterminale en zigzag, vague, formée d'atomes noirâtres ou brunâtres. Tache réniforme noire, vague, à centre gris cendré, souvent perdue dans l'ombre médiane. Au-dessous d'elle, on voit une tache jaunâtre bordée d'atomes gris. Frange festonnée, précédée d'une série de taches triangulaires noires. Ailes inférieures noires, avec une large bande médiane d'un bleu pâle. Frange blanche précédée d'une ligne festonnée noire. — ♀ semblable.

La chenille se trouve depuis les premiers jours de juillet jusqu'à la fin d'août sur les peupliers, principalement sur les *Populus tremula* et *alba ;* quelquefois aussi sur les saules. Le papillon éclôt cinq ou six semaines après sa métamorphose ; on le trouve appliqué contre le tronc des peupliers ou sous les chaperons des murs, depuis le mois d'août jusqu'en octobre. Toute la France mais plus ou moins communément.

Pour se procurer de beaux individus de cette espèce, et en certain nombre, il faut en élever la chenille, ce qui se fait facilement en recherchant les femelles, même les plus détériorées. On les pique sans les tuer et elles ne tardent pas à se débarrasser de leurs œufs. On conserve ces œufs pendant l'hiver en les tenant dans une chambre sans feu, et mieux encore en plein air. Les petites chenilles éclosent ordinairement vers la fin de juin ; on les nourrit alors avec l'espèce de peupliers que l'on a dans sa localité.

Ce que nous venons de dire sur la manière d'élever cette grande et belle noctuelle, peut s'appliquer à beaucoup d'autres.

Ailes inférieures rouges

Nupta, L., etc.

75ᵐ. Ailes supérieures dentées, d'un cendré jaunâtre, sablé de noir, avec beaucoup de lignes et de nuances flexueuses et dentées, d'un gris olivâtre ou noirâtre. Lignes médianes géminées ; l'extrabasilaire oblique, ondée, à filets écartés ; la coudée très sinueuse, en ≚ à sa partie supérieure rentrant fortement sous la nervure sous-médiane, suivie d'une bande parallèle et plus foncée ; la subterminale vague, dentée en scie. Tache réniforme obscure dans son milieu, surmontant une tache ovale. Ombre médiane parallèle à la ligne extrabasilaire. Frange grise, précédée d'une série de traits terminaux noirs. Ailes inférieures d'un rouge vermillon avec une bande médiane étranglée et coudée dans son milieu, *n'atteignant pas le bord abdominal*, et une large bordure sinuée, noires. Frange blanche. — ♀ semblable, souvent un peu plus grande.

La chenille est allongée, atténuée aux extrémités, très aplatie en-dessous ; d'un gris cendré un peu jaunâtre, avec deux bandes irrégulières, ondées, interrompues, plus ou moins visibles, d'un gris plus foncé, noirâtre ou verdâtre. Frange latérale d'un gris blanc. Tête aplatie, coupée obliquement, concolore. Ventre bleuâtre, à taches noires. Vit en mai et juin sur les saules et les peupliers. Papillon de juillet à septembre. Commun partout ; troncs des arbres, murs, etc.

Concubina, Hb., n'est qu'une variété insignifiante, dont les ailes supérieures sont d'un cendré pur, sans teinte jaunâtre. Avec le type et aussi commun.

Elocata, Esp., God., Gn., etc.

Ordinairement un peu plus grande que *Nupta*, à laquelle elle ressemble beaucoup. Ailes supérieures plus sombres, d'un gris bleuâtre ou verdâtre, avec tous les dessins plus confus ; la subterminale seule, bien marquée, dentée en scie, bien entière et presque droite. Ailes inférieures d'un rouge plus clair, avec la bande médiane noire, courbe, à bords ondulés, *non coudée dans son milieu et atteignant le bord abdominal*. Chenille en juin et juillet sur les saules et les peupliers. Papillon en août et septembre. Mêmes mœurs que *Nupta* ; plus rare dans quelques localités, plus commun dans d'autres.

Puerpera, Giorna., Gn., *Pellex*, Hb., God.

55 à 60m. Ailes supérieures d'un gris jaunâtre, avec les deux lignes médianes noirâtres, peu marquées, quelquefois presque complètement oblitérées ; l'extrabasilaire ondulée, bordée de clair du côté de la base ; la coudée anguleuse, aussi bordée de clair extérieure-

ment ; subterminale dentée en scie, interrompue avant la côte. Tache réniforme assez grande, très vague, bordée de noirâtre, surmontant une autre tache, ronde et plus pâle. Frange festonnée, précédée d'une série de points noirs. Ailes inférieures d'un rouge jaunâtre pâle, avec deux bandes noires, l'une médiane, n'atteignant pas le bord abdominal, ayant quelque ressemblance avec une botte, l'autre marginale, échancrée à l'angle externe, dentée sur ses deux bords, interrompue avant l'angle anal, qui est marqué d'un point également noir. Frange entièrement blanche. — ♀ semblable.

La chenille vit en juin, au bord des rivières, sur plusieurs espèces de saules (*Salix incana* et *helix*) ; dans son jeune âge, elle vit à découvert, mais après sa troisième mue, elle se cache avec soin sous les pierres et les débris, dans les environs de l'arbuste qui la nourrit. Elle se chrysalide vers la fin de juin, dans un réseau de soie, suspendu entre les feuilles qu'elle a rassemblées, ou descend parmi les feuilles sèches. Le papillon éclôt un mois après, entre huit et dix heures du soir. Dauphiné ; Lozère ; Ardèche ; Drôme ; Puy-de-Dôme. Pas très commun.

ELECTA, Bkh., God., Gn., *Pacta*, S.V.

65 à 70m. Ailes supérieures plus étroites que chez les espèces précédentes, moins allongées à l'angle apical, plus arrondies au bord marginal, d'un gris cendré plus ou moins saupoudré de noirâtre, avec les lignes médianes noirâtres, épaissies vers la côte ;

l'extrabasilaire géminée, claire entre les deux lignes, très sinuée, formant un angle arrondi, très saillant, sur la nervure sous-médiane. La coudée est très singulière ; elle forme d'abord à sa partie supérieure un Σ très allongé, très noir, dont le jambage supérieur est courbe ; puis après avoir formé deux petits angles aigus, elle rentre sur le disque, remonte vers la tache réniforme, enveloppe une tache jaunâtre, puis redescend vers le bord interne en faisant plusieurs angles très allongés. Cette ligne est éclairée de gris clair, surtout à sa base. La subterminale est dentée, double, à lignes très écartées, gris clair dans leur milieu. Plusieurs litures noires à l'angle apical, joignant le Σ de la coudée. Tache réniforme très apparente, bordée de noir intérieurement, et de gris blanchâtre extérieurement. Cette tache placée sur un espace très ombré de noir. Frange dentée, précédée d'une série de points blancs accolés à des points noirs. Ailes inférieures d'un rose vif, avec deux bandes noires, dont une sur le disque, en forme de V ouvert, coupée carrément à sa base, qui est éloignée du bord abdominal, l'autre marginale, assez large, peu sinuée intérieurement. Frange blanche.

La chenille vit en juin sur les peupliers et les saules (*Salix alba*, *capræa*, *viminalis*, *vitellina*). Le papillon éclôt en août et septembre ; on le trouve jusqu'en octobre. Il est plus rare que *Nupta*, mais se trouve néanmoins dans une grande partie de la France. Aube, Charente, Lozère, Indre, Saône-et-Loire, Landes, Bretagne, Auvergne, Alsace, environs de Lyon, etc.

M. de Peyerimhoff a remarqué que, lorsque cette noctuelle est posée sur le tronc d'un arbre, elle a toujours la tête en bas.

Optata, God., Gn., *Optabilis*, Hb.

55 à 60m. Ailes supérieures de même forme que celles d'*Electa ;* d'un gris cendré pur, avec les lignes médianes, l'extrémité des nervures, *et une ligne basilaire, très épaisse, joignant l'extrabasilaire, noires.* Les lignes sont fines, bien marquées, et ont exactement le même dessin que la précédente. La subterminale est d'un gris blanchâtre, très anguleuse, souvent peu distincte, et dont les angles projettent, entre les nervures, des petites lignes de la même couleur qu'elle, sur lesquelles on voit, près de la frange, de très petits points noirs. La tache réniforme est claire, vague, placée sur un espace légèrement bleuâtre. Ailes inférieures d'un rose tendre, avec une bande médiane, courbe, étroite, n'atteignant pas le bord interne, et une bordure marginale, peu sinuée, diminuant de largeur, de la côte à l'angle anal. Frange d'un blanc presque pur. — ♀ semblable.

Jolie espèce, facilement reconnaissable à son trait basilaire, long, large et très noir.

La chenille vit sur les saules (*Salix caprœa* et *viminalis*). Vers la fin de juillet, elle se chrysalide dans une coque légère, entre les feuilles de l'arbre qui la nourrit. Le papillon éclôt six semaines après. France méridionale et centrale. Montpellier, Angers, Lozère, Gironde. Assez commun dans l'Indre, en août et septembre. *Maurice Sand.*

Ab. *Amanda*, Bdv., Gn.

Ailes supérieures d'un gris toujours jaunâtre, avec les dessins moins marqués. Ailes inférieures d'un rose très vif, avec la frange toujours salie de noir. Environs de Montpellier.

Ab. *Selecta*, Bdv., Gn.

Ailes supérieures d'une teinte entre *Optata* et *Amanda*, un peu violâtre. Ailes inférieures d'un rose vif, un peu rouge. Abdomen très mélangé de rouge vineux en-dessus. Montpellier.

Conjuncta, Esp., God., Gn., *Conjuga*, Hb.

55 à 60^{m}. Ailes supérieures d'un brun noirâtre, avec les lignes médianes noires, bien marquées ; l'extrabasilaire légèrement ondulée, suivie d'une bande grisâtre, plus ou moins foncée, fondue avec le reste de l'espace médian ; la coudée très anguleuse en ≚, vis-à-vis de la cellule, terminée à la côte par une tache blanche, subterminale, dentée en scie, vague, ayant ses angles d'un gris blanchâtre intérieurement, ce qui forme une série de taches triangulaires, dont ceux de la côte plus blancs. Tache réniforme bien visible, concentrique, bordée de noir, surmontant une autre tache, ronde, bien circonscrite. Espace basilaire traversé longitudinalement par un trait épais, court, très noir. Frange précédée d'une ligne festonnée, noire, bordée d'un filet blanc extérieurement. Ailes inférieures d'un rose foncé ou cramoisi, avec une bande médiane, étroite, courbe, peu sinuée, atteignant presque le bord abdominal, et une bordure large à la côte,

étroite à l'angle anal, noires. *Frange blanche à l'angle externe*, grisâtre et divisée par une ligne noirâtre ondée, dans le reste de son étendue. — ♀ semblable.

La chenille vit en mai sur le chêne, et le papillon éclôt en juillet et août. France méridionale ; Aube, *Jourdheuille ;* Gironde, Charente-Inférieure, *Trimoulet;* Landes. Assez rare.

SPONSA, L., God., Gn. (pl. 46, fig. 1.)

65^{m}. Varie un peu pour la taille et pour la couleur de ses ailes supérieures, qui sont d'un brun foncé ou d'un brun noirâtre, avec trois taches grises dans le milieu de la côte, au-dessous desquelles on voit sur le disque une grande éclaircie blanchâtre, sur laquelle se dessine la tache réniforme, jaunâtre, vague, tachée de noir extérieurement, surmontant une autre tache également jaunâtre, en losange, bordée de noir et bien circonscrite. Les lignes sont noires, bien marquées, géminées ; l'extrabasilaire très anguleuse ; blanchâtre au bord interne, *l'angle du milieu touchant la tache au-dessous de la réniforme ;* la coudée en ≚ à sa partie supérieure, formant un angle rentrant, assez aigu, près du bord interne, cet angle rempli de blanc jaunâtre ; subterminale bien écrite, dentée en scie, grisâtre, bordée de noir des deux côtés, mais plus fortement du côté de la frange. Toute la surface de l'aile est, en outre, traversée par les nervures, qui sont noires, interrompues, mieux marquées dans l'espace subterminal, ainsi que dans l'espace terminal, où elles sont saupoudrées d'atomes d'un gris bleuâtre. Frange festonnée, avec un point blanc dans l'intervalle de chaque feston, précédée d'une série de points jaunâtres, accolés à des points noirs. Ailes inférieures d'un rouge cramoisi, avec deux bandes noires ; la première sur le disque, de largeur inégale, en M ; la seconde margiginale, large à la côte, plus étroite à l'angle anal, suivant intérieurement les contours de la première. Frange noirâtre, entrecoupée de points blancs.

La chenille vit en mai, dans les forêts, sur les chênes ; elle se chrysalide au commencement de juin dans une coque légère, filée entre les feuilles. Pour se la procurer, il faut battre fortement les baliveaux, ou les branches des gros chênes, car elle ne descend pas sur le tronc, comme celles de *Nupta* et de *Promissa*. Le papillon éclôt en juillet. Commun dans presque toute la France, sur le tronc des chênes.

DILECTA, Bkh., Gn., *Sponsa*, Var., God.

80^{m}. On pourrait dire de cette espèce, que c'est une grande *Sponsa ;* elle s'en distingue cependant ; d'abord, par sa taille beaucoup plus grande ; par la couleur de ses ailes supérieures qui est d'un gris brun plus uniforme, sans tache blanchâtre sur l'espace médian ; la tache au-dessous de la réniforme, seule bien marquée en jaunâtre. Ailes inférieures comme chez *Sponsa*.

La chenille vit aussi sur le chêne, et le papillon éclôt en juillet. Beaucoup moins répandu que *Sponsa*, mais plus commun dans quelques localités du midi de la France. Charente, *Delamain ;* Indre, *Maurice Sand ;*

Gironde, *Trimoulet*: Landes, etc. Nous l'avons pris plusieurs fois dans la forêt de Fontainebleau.

Promissa, S.V., Dup., Gn. *Sponsa*, God.

56 à 60mm. Ailes supérieures d'un gris brun jaunâtre, avec l'espace médian d'un gris bleuâtre, nuancé de brun et de jaunâtre; lignes médianes plus noires, plus épaisses et mieux marquées que chez *Sponsa*: l'extra-basilaire géminée, à lignes écartées, confuses, maculaires; *l'angle du milieu n'atteignant pas la tache qui est sous la réniforme*; la subterminale grise, dentée en scie, à dents très allongées et très aiguës, bordée de noir des deux cotés. Taches médianes comme chez *Sponsa*. Côte bordée d'un filet blanc, interrompu par des taches noires, dont deux au-dessus de la réniforme. Ailes inférieures d'un rouge cramoisi, avec deux bandes noires; la première, étroite, flexueuse, non en M, en crochet à son extrémité inférieure; la seconde, marginale, sinuée intérieurement, non anguleuse comme chez *Sponsa*. Frange plus blanche à l'angle externe.

La chenille vit en mai sur le chêne; pendant le jour, elle descend le long du tronc, et se tient immobile entre les crevasses; c'est ainsi qu'il faut la chercher, pour se la procurer facilement, et souvent en nombre. Elle se chrysalide de la même manière que *Sponsa*, et le papillon éclôt aux mêmes époques. Il est commun dans les grandes forêts de chênes de presque toute la France.

Godart n'a fait qu'une espèce des trois que nous

venons de décrire. La *Dilecta* pourrait bien n'être qu'une variété méridionale de *Sponsa;* mais quant à *Promissa*, c'est une espèce bien distincte, tant par sa couleur, que par la forme de la bande médiane des ailes inférieures. Les chenilles sont aussi très différentes et n'ont point les mêmes habitudes, ainsi que nous l'avons déjà dit.

Ailes inférieures jaunes

PARANYMPHA, L., S.V., God., Gn. (pl. 46, fig. 2.)

52mm. Ailes supérieures d'un gris cendré, avec l'espace basilaire ombré de brun et les lignes médianes noires, bien marquées ; l'extrabasilaire oblique, sinuée, plus épaisse à la côte et dans son milieu, suivie d'une grande éclaircie d'un gris blanchâtre, formant une bande oblique, atteignant la côte, limitée extérieurement par un espace brunâtre qui s'étend jusqu'à la ligne coudée ; cette ligne très anguleuse, en ≊ à sa partie supérieure, et à angles arrondis inférieurement ; la subterminale dentée, d'un gris clair. Une liture noirâtre, oblique, joignant l'angle supérieur de la coudée à l'angle apical. Tache réniforme blanchâtre, brune au milieu, bordée extérieurement par deux ou trois taches cunéiformes noires et allongées. Une autre tache blanchâtre et bordée de noir se voit au-dessous de la réniforme. Frange concolore, précédée d'une série de lunules blanches, bordées de noir. Ailes inférieures d'un jaune fauve, avec deux bandes noires ; celle du disque formant un anneau allongé ; celle du bord terminal fortement échancrée à l'angle externe, et interrompue avant l'angle anal. Frange d'un jaune pâle, chargée dans son milieu de cinq lunules obscures. ♀ semblable.

La chenille vit en mai sur le prunellier (*Prunus spinosa*), et se métamorphose à la fin de juin. Le papillon éclòt en juillet et août. Centre et Est de la France ; Seine-et-Marne, *Fallou ;* Indre, *Maurice Sand ;* Gironde, *Trimoulet;* Aube, *Jourdheuille;* Doubs, *Bruand;* Auvergne, *Guillemot ;* Alsace, *de Peyerimhoff*, *Gerber ;* Saône-et-Loire, *Constant*. Généralement assez rare.

Conversa, Esp., God., Gn. *Pasithea*, Hb.

54^m. Ailes supérieures d'un gris cendré, plus ou moins saupoudré de noirâtre, avec les lignes médianes noires ; l'extrabasilaire oblique, formant une courbe dans son milieu, épaissie à sa base et à la côte ; la coudée très dentée, en ≥ à sa partie supérieure, formant à sa base un angle rentrant sur l'espace médian, épais et très noir ; subterminale vague, dentée, éclairée de gris clair. Tache réniforme d'un gris blanchâtre, noirâtre dans son milieu, suivie de quelques traits noirs sur les nervures. Tache subréniforme claire, finement bordée de noir. Côte bordée d'un filet blanc, interrompu par des taches brunes ou noirâtres, dont deux au-dessus de la réniforme. Frange précédée d'une ligne noire, festonnée, bordée de blanchâtre extérieurement. Ailes inférieures d'un jaune fauve, couvertes de poils grisâtres à la base et au bord abdominal, avec deux bandes noires, l'une médiane, courbe, dilatée carrément dans son milieu, extérieurement, n'atteignant pas le bord abdominal ; l'autre marginale, très peu échancrée à l'angle externe, sinuée intérieurement, bordée par une frange claire, marquée dans son milieu de cinq lunules, et à l'angle anal d'une liture, noires. Thorax de la couleur des ailes supérieures, avec un double collier noir. Abdomen d'un gris jaunâtre. — ♀ semblable, un peu plus sombre, à lignes médianes plus épaisses.

La chenille n'est pas connue, mais il est probable qu'elle vit sur le chêne ; car M. Trimoulet a pris sa variété *Agamos*, dans les forêts de cet arbre. Le papillon paraît en juillet. France méridionale ; Charente, *Delamain ;* Gironde, *Trimoulet*, *Fallou ;* Indre, *Maurice Sand ;* Lozère, Pyrénées. Assez commun.

VAR. *Agamos*, Hb., Gn.

Ailes supérieures plus foncées, plus mêlées de brun et de noirâtre, avec les taches de cette même couleur. Ailes inférieures couvertes à la base et au bord abdominal de poils noirâtres. Bande médiane et bordure marginale plus larges, celle-ci, non échancrée à l'angle externe. Frange blanche à cet angle, et noirâtre dans le reste de son étendue. France méridionale ; Lozère ; Gironde ; Indre, *Maurice Sand*. Plus rare que le type.

NYMPHÆA, Esp., Dup., Gn. *Vestalis*, Bdv.

45 à 50m. Ailes supérieures un peu aiguës à l'angle apical ; d'un brun marbré de jaunâtre, avec des teintes d'un gris bleuâtre à la base, à la côte, et dans l'espace médian ; ces teintes plus ou moins prononcées selon

les individus. Lignes médianes noires ; l'extrabasilaire festonnée, géminée, à filets écartés, à intervalle d'un gris jaunâtre, plus clair au bord interne ; la coudée très anguleuse, éclairée de gris bleuâtre extérieurement ; la subterminale formant une bandelette grisâtre, plus claire vers la côte, bordée des deux côtés d'une ligne brune dentée en scie. Tache réniforme vague, concolore, bordée de taches noires ; tache subréniforme claire, bien visible, bordée d'un filet noir, et souvent jointe à la coudée par un trait noir. Frange précédée d'une ligne festonnée noire. Ailes inférieures jaunes, couvertes de poils noirâtres au bord abdominal, avec deux bandes noires ; la médiane courbe et un peu sinuée intérieurement, très renflée extérieurement dans son milieu, plus étroite et coudée intérieurement à son extrémité ; la marginale fortement échancrée à l'angle externe, très sinuée intérieurement, presque interrompue avant l'angle anal. Frange grisâtre, avec cinq taches noirâtres dans son milieu. Thorax gris. Abdomen d'un gris jaunâtre.

La chenille vit en mai sur différentes espèces de chênes *(Quercus ilex, suber, coccifera)*. Le papillon paraît en juillet. France méridionale ; Provence ; environs de Lyon ; Indre, *Maurice Sand ;* Pyrénées-Orientales, *de Graslin*. Pas très rare.

Diversa, Hb., Gn. *Callinympha*, Bdv., Dup. (1).

43[m]. Ailes supérieures non allongées à l'angle api-

(1) Il n'est pas bien certain que le nom de *Diversa* soit antérieur à celui de *Callinympha*.

cal, arrondies au bord externe, d'un gris cendré, plus ou moins marbré de brun et de jaunâtre, avec les lignes noires, bien marquées, sutout chez les individus dont l'espace médian est d'un gris clair ; l'extrabasilaire géminée, un peu oblique, peu sinuée, excepté vers le milieu où elle forme une dent assez saillante sur l'espace médian ; cette ligne très ombrée de brun du côté de la base ; coudée fine, dentée, à dents aiguës et petites, bordée de blanchâtre extérieurement, suivie de la subterminale, claire, dentée, chaque angle surmonté sur l'espace terminal de traits sagittés noirs. Tache réniforme vague, entourée de quelques petites taches noires. Tache subréniforme bien visible, concolore, bordée d'un filet noir, non liée à la coudée. Frange festonnée, moitié blanche et moitié grise, précédée d'une série de points blancs, accolés à des points noirs. Ailes inférieures jaunes, avec deux bandes noires, l'une médiane, courbe, à peine sinuée, n'atteignant pas le bord abdominal ; l'autre marginale, non échancrée à l'angle externe, peu sinuée intérieurement, diminuant de largeur, de la côte à l'angle anal. Frange blanche à l'angle externe, grisâtre dans le reste de son étendue, sans taches noirâtres. — ♀ semblable.

La chenille vit en mai sur le chêne, et le papillon éclôt en juillet. Provence. Rare.

NYMPHAGOGA, Esp., Gn. *Nymphæa*, God.

40 à 43^{m}. Ailes supérieures non aiguës à l'angle apical, arrondies au bord externe, d'un brun plus ou

moins foncé, nuancé de gris cendré à la base et à la côte, avec les lignes médianes noires et bien marquées ; l'extrabasilaire droite, sinuée, souvent très épaisse ; la coudée anguleuse comme toutes les autres espèces de ce genre, épaisse à sa base ; subterminale d'un gris cendré, plus large à la côte et au bord interne, bordée des deux côtés d'une ligne noirâtre, dentée, celle extérieure formant une suite de taches triangulaires noires, plus ou moins allongées, mais toujours bien marquées. Bord marginal terminé par une ligne noire, festonnée, avec une petite tache blanchâtre entre chaque feston. Taches concolores, peu marquées, bordées de noir ; la subréniforme liée à la coudée par un ou deux traits noirs. Ailes inférieures jaunes, avec des poils noirâtres au bord abdominal, et deux bandes noires, l'une médiane, droite intérieurement, un peu renflée extérieurement à sa partie surieure, coudée à angle droit à son extrémité inférieure, atteignant presque le bord abdominal, imitant assez bien une jambe ou une botte ; l'autre, marginale, assez large, faiblement échancrée à l'angle externe, courbe intérieurement jusque vis-à-vis le talon de la botte, où elle est très échancrée, et souvent presque interrompue. Frange jaunâtre, avec cinq lunules noirâtres dans son milieu. Thorax d'un gris cendré. Abdomen d'un gris jaunâtre. — ♀ semblable.

La chenille vit en mai sur le chêne vert et le chêne liège(*Quercus ilex* et *suber*). Le papillon éclôt en juillet. France méridionale ; assez commun dans les Pyrénées-Orientales, *de Graslin.*

PROTONYMPHA, Bdv., Gn.

38^{m}. Ailes supérieures d'un gris noirâtre, nuagé de cendré blanchâtre, avec un trait basilaire, le bord interne et une liture oblique couvrant le haut de l'extrabasilaire, noirâtres. Ligne coudée éclairée de gris blanc, formant un seul angle saillant sur la première supérieure, puis descendant presque droite jusque sous la quatrième inférieure, où elle rentre presque à angle droit. Tache réniforme bien visible, éclairée de gris blanc, sans tache subréniforme. Ligne subterminale presque nulle. Ailes inférieures d'un jaune fauve clair, avec un trait formé de poils noirs au bord abdominal ; une bande étroite, arquée, s'arrêtant à la nervure sousmédiane, et une bordure assez large, arquée, interrompue vers la quatrième inférieure, puis formant une tache arrondie à l'angle anal. Abdomen gris en-dessus.

Cette espèce dont on ne connaît qu'un seul individu mâle, pris en août aux environs de Paris, est regardée comme douteuse par beaucoup de lépidoptéristes.

OPHIUSIDÆ, Gn.

Antennes non pectinées, souvent crénelées de cils fins ; à palpes ascendants, bien développés, et dépassant plus ou moins le front. Spiritrompe moyenne. Thorax et abdomen lisses. Pattes longues et fortes. Ailes supérieures épaisses, aiguës au sommet, à lignes médianes bien visibles et formant trapèze ; les inférieures discolores et ne participant pas des mêmes dessins. Chenilles rases, allongées, effilées, ayant les pattes anales et les dernières ventrales très longues. Chrysalides renfermées dans des coques imparfaites, filées entre les broussailles, ou entre les mousses.

Genre OPHIODES, Gn.

Antennes crénelées dans les mâles de cils courts. Palpes ascendants, tendant à se rapprocher au sommet, le deuxième article à poils denses, lissés, le troisième presque moitié moins long, un peu aplati, subaigu. Spiritrompe forte. Toupet frontal saillant. Thorax robuste, à collier large, relevé ou caréné. Abdomen lisse, peu velu, un peu déprimé, obtus à l'extrémité dans les mâles, gros, à côtés parallèles et finissant en pointe aux trois derniers anneaux chez les femelles. Chenilles allongées, à tête petite, un peu aplaties en-dessous, et marquées entre les fausses pattes de taches foncées, munies sur le onzième anneau d'un tubercule bifide ; ayant les deux premières paires de pattes ventrales un peu plus courtes que les autres ; vivant à découvert sur les arbres ou arbrisseaux, contre lesquels elles se tiennent étroitement appliquées.

Tirrhæa, Cr., God., Gn. (pl. 46, fig. 3.)

58m. Ailes supérieures d'un vert olivâtre pâle, finement striées, avec l'espace terminal d'un brun feuille morte, marqué de deux échancrures, l'une vers le milieu, l'autre près de la côte ; celle-ci chargée de points noirs. Lignes médianes fines, brunes, à peine visibles ; la coudée marquée d'une tache triangulaire brune. Tache réniforme feuille morte, très oblique.

Ailes inférieures d'un jaune fauve, avec une grande tache noire, de forme très variable, n'atteignant pas la côte. Thorax vert. Abdomen jaune.

Nous possédons un individu dont les ailes inférieures sont d'un jaune uni, sans aucune tache noire.

La chenille vit en septembre et octobre sur plusieurs arbustes, mais principalement sur les térébinthes (*Pistacia therebinthus* et *lentiscus*) ; nous l'avons trouvée aux environs d'Hyères, sur le grenadier (*Punica*). Le papillon éclôt en juin de l'année suivante ; il est commun en Provence et dans les environs de Montpellier. Cette belle espèce est africaine, mais elle s'est propagée dans nos départements méridionaux.

LUNARIS, S.V., God., Gn.

56^{m}. Ailes supérieures d'un gris légèrement jaunâtre ou bleuâtre, saupoudré d'atomes noirs, avec l'espace terminal d'un brun noisette plus ou moins foncé ; cet espace denté intérieurement comme chez *Tirrhæa*. Lignes médianes très nettes, non dentées, rapprochées au bord interne, d'un ocracé clair ; l'extrabasilaire bordée de brun extérieurement ; coudée suivie de nuages bruns, qui envahissent souvent tout l'espace subterminal. Bord interne nuagé de brun. Tache réniforme étranglée, brune, bien marquée ; orbiculaire figurée par un très petit point noir. Un autre point semblable près de la base. Frange précédée d'une série de points noirs. Ailes inférieures d'un gris noisette, avec une bande nuageuse plus foncée vers le milieu.

Thorax et abdomen participant de la couleur des ailes. — ♀ semblable, souvent un peu plus sombre.

Cette espèce varie beaucoup pour l'intensité de la couleur, nous possédons un individu dont les ailes supérieures sont d'un gris cendré clair, avec l'espace terminal à peine plus foncé.

La chenille vit en juillet sur le chêne ; on la fait tomber en battant, et elle n'est pas difficile à élever. Le papillon éclôt en mai et juin ; il vole le jour assez rapidement quand il est dérangé, mais son vol n'est pas soutenu. Toute la France, sans être très commun.

PSEUDOPHIA, Gn.

Illunaris, Hb., God., Gn. (pl. 46, fig. 4.)

36 à 40^{m}. Ailes supérieures d'un gris ocracé mat, plus ou moins saupoudrées d'atomes plus foncés, avec les lignes ordinaires, noirâtres ; les deux médianes peu marquées, souvent interrompues ; la subterminale bien écrite, dentée, à angles aigus, noirs, terminée par un point noir avant d'atteindre la côte. Tache réniforme formée de deux points blanchâtres, superposés, souvent à peine distincts ; orbiculaire nulle. Frange précédée d'une ligne festonnée. Ailes inférieures d'un gris jaunâtre clair avec une bande subterminale noirâtre, fondue intérieurement. — ♀ semblable, ordinairement plus petite.

La chenille vit en septembre et octobre sur les *Tamarix*. Le papillon éclôt en juin. Il n'est pas très rare en Provence et aux environs de Montpellier.

Genre GRAMMODES, Gn.

(*Ophiusa*, Och., Tr., Gn.)

Antennes filiformes dans les deux sexes. Palpes ascendants, écartés l'un de l'autre ; les deux premiers articles plus ou moins courbes, épais, squammeux ; le dernier droit, nu, plus ou moins long et grêle, terminé en pointe obtuse. Spiritrompe longue. Thorax globuleux, lisse. Abdomen subconique, lisse. Ailes supérieures presque triangulaires, marquées de lignes ou de bandes bien tranchées ; les inférieures larges et arrondies. Chenilles allongées, effilées, à tête petite et arrondie, finement rayées longitudinalement, n'ayant que trois paires de pattes membraneuses ; vivant sur les arbrisseaux, contre les branches desquelles elles se tiennent étroitement collées pendant le jour. Chrysalides efflorescentes, renfermées dans des coques composées de soie et de débris, et placées à la surface du sol.

STOLIDA, Fab., God., Gn., *Cingulalis*, Hb.

33m. Ailes supérieures un peu arrondies à l'angle apical et au bord externe, d'un gris brunâtre, avec l'espace médian d'un brun noirâtre, chatoyant, traversé dans son milieu par une bande blanche ou un peu jaunâtre, n'atteignant pas la côte, droite, plus ou moins large ; limitée extérieurement par la ligne coudée qui est blanche, formant deux courbes ; cette ligne suivie d'une bandelette roussâtre, bordée elle-même par une ligne maculaire noire ; cette bandelette et cette ligne limitées près de la côte, par un trait blanc horizontal, joignant une liture également blanche qui descend de l'angle apical, et traverse un espace d'un brun noirâtre ; l'espace terminal est en outre traversé par une bande nuageuse, d'un gris plus ou moins clair. Tache réniforme à peine indiquée par une éclaircie. Frange brune, blanche à l'angle apical, précédée d'un liseré blanc, suivi d'une ligne noire faiblement festonnée. Ailes inférieures d'un brun noirâtre luisant, avec une bande blanche, transverse, diminuant de largeur depuis la côte jusqu'à l'angle anal où elle se termine en pointe ; puis un point blanc près du bord marginal. Frange blanche maculée de brun au-dessous du point blanc.

La chenille est peu connue ; on dit seulement qu'elle vit sur la ronce. Le papillon éclôt en juillet. France méridionale. Rare.

BIFASCIATA, Petagna. *Geometrica* Rossi. God., Gn. (pl. 46, fig. 6.)

38 à 42m. Ailes supérieures un peu allongées à l'angle apical, d'un gris violâtre, avec une grande tache triangulaire d'un noir velouté, limitée par la nervure costale, par le bord interne, la moitié de l'espace basilaire, et la ligne subterminale ; cette ligne est sinuée, irrégulière et ombrée de noir dans toute sa longueur. La tache triangulaire noire est traversée par deux bandelettes droites, obliques, parallèles, très nettes, blanches ou d'un blanc jaunâtre ; la seconde envahie aux trois quarts par du brun roussâtre. Frange légèrement dentée, précédée d'un série de très petits points

noirâtres. Ailes inférieures d'un cendré noirâtre, avec une bande transverse blanche, droite, très fondue sur ses bords. Frange coupée par deux espaces blancs, le plus grand vers l'angle externe. Thorax et abdomen d'un gris violâtre. — ♀ semblable.

La chenille vit sur la persicaire (*Polygonum persicaria*), au bord des eaux courantes et des marais, depuis la fin de mai jusqu'en décembre ; elle se chrysalide dans une coque de soie blanche, forte, serrée et impénétrable à l'humidité. Le papillon éclôt depuis le mois de mai jusqu'en novembre ; pendant le jour, il se tient caché au centre des touffes de persicaire. Commun dans le midi de la France ; environs de Grenoble ; Indre, *Maurice Sand*. Rare.

Ophiusa, Tr., Gn.

Algira, L., God., Gn. *Triangularis*, Hb. (pl. 46, fig. 5.)

45ᵐ. Ailes supérieures aiguës, avec tout l'espace compris entre la base et la coudée, d'un brun noirâtre chatoyant, et d'un gris violâtre depuis cette ligne jusqu'au bord terminal, qui est d'un gris plus clair. Sur le milieu de l'aile, et traversant l'espace brun, on remarque une bande blanchâtre ou grisâtre, toujours très nette, étranglée au milieu et élargie à ses deux extrémités. Angle apical avec deux taches triangulaires d'un brun noir velouté. Extrémité des nervures, blanches. Ailes inférieures d'un gris noirâtre avec une bandelette médiane, velue, d'un blanc sale. Frange du même blanc sale. — ♀ semblable.

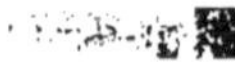

La chenille vit sur plusieurs arbrisseaux : ronce, saule, grenadier ; elle a deux générations par an ; la première, de juin en août, et la seconde, fin d'octobre. Elle se chrysalide dans une coque de soie grise, mince, serrée, filée entre les mousses. Le papillon éclôt en mai, pour la première fois, et en juillet et août, pour la seconde. Il n'est pas rare dans le centre et le midi de la France. Cannes ; Fréjus ; Hyères ; environs de Lyon ; Lozère ; Indre, *Maurice Sand ;* Saône-et-Loire, *Constant ;* rare dans ces deux dernières localités ; assez commun à Nuits (*Côte-d'Or*), *Bruand.*

EUCLIDIDÆ, Gn.

Cette famille ne comprenant qu'un seul genre, voir les caractères de ce genre.

—

Genre EUCLIDIA, Tr.

Antennes courtes, pubescentes dans les mâles. Palpes courts, peu ascendants, velus, à dernier article court. Spiritrompe grêle. Thorax court, lisse, globuleux. Abdomen court, effilé et conique dans les mâles, épais et terminé en pointe obtuse dans les femelles. Ailes épaisses ; les supérieures à côte sinuée, obtuses au sommet ; les inférieures arrondies, bicolores. Chenilles à douze pattes, lisses, très allongées, atténuées postérieurement, à tête grosse, repliées sur elles-mêmes presque en hélice, dans le repos ; vivant à découvert sur les plantes basses. Chrysalides renfermées dans des coques assez solides, construites avec des débris de mousses.

Mi. L., God., Gn. (pl. 46, fig. 7.)

32^{m}. Ailes supérieures d'un gris noir, avec les lignes blanchâtres ; les deux médianes réunies inférieurement et ayant entre elles un sinus très profond, formant deux lobes saillants, dont l'intérieur plus grand et arrondi. Subterminale vague, formée de deux lignes blanchâtres, réunies à l'angle apical. Orbiculaire figurée par un point noir sur une tache grise ; réniforme remplacée par un trait blanc. Frange blanche, entrecoupée de noir. Ailes inférieures noires, avec une tache cellulaire, et deux séries sinueuses de taches blanches, de formes variables. Frange blanche, entrecoupée de noir. Abdomen noirâtre, annelé de blanc. — ♀ semblable.

La chenille vit en juillet et août sur différentes plantes basses, principalement sur les trèfles ; elle se prend facilement sur le galé (*Myrica gale*), *Goosens*. Le papillon est commun partout en mai et juin. Il vole en plein jour.

Var. A. Taches des ailes inférieures d'un jaune d'ocre ; ces taches souvent réunies et couvrant une grande partie du bord terminal ; type des environs de Rennes, *Oberthur*.

Glyphica, L., God., etc.

30^{m}. Ailes supérieures d'un gris brunâtre, avec deux bandes transverses et une tache à la côte dans l'espace subterminale d'un brun marron. La première de ces bandes est oblique ; elle est bordée du côté de la base par la ligne extrabasilaire qui est plus claire que le fond ; la seconde est limitée extérieurement par la coudée, aussi plus claire, ondulée ; subterminale vague, mieux marquée à la côte où elle borde la tache costale. Taches nulles. Ailes inférieures d'un noir brun depuis la base jusqu'au milieu ; ensuite d'un jaune fauve, avec deux lignes noires, transverses et ondulées, ces deux lignes traversées par les nervures qui sont brunes. Frange brune, ainsi que le bord terminal. — ♀ semblable.

La chenille vit en juin, août et septembre sur différentes espèces de trèfles, et sur la bugrane (*Ononis spinosa*) ; elle est difficile à trouver, parce qu'elle se tient cachée entre les feuilles inférieures de ces plantes. Le papillon a deux générations par an ; la première en mai, et la seconde en juillet et août ; il vole en plein jour dans les champs de trèfles. Commun partout.

POAPHILIDÆ, Gn.

Cette famille ne comprenant qu'un seul genre, voir ci-dessous les caractères de ce genre.

—

Genre PHYTOMÈTRA, Haworth.

(*Prothymia*, Hb.)

Antennes courtes, minces, pubescentes dans les mâles, sétacées dans les femelles. Palpes longs, arqués, ascendants, comprimés, à dernier article assez long, ensiforme et squammeux. Spiritrompe de longueur moyenne. Thorax globuleux. Abdomen lisse, un peu déprimé, obtus dans les deux sexes. Pattes longues minces, à ergots longs et linéaires. Ailes supérieures aiguës au sommet, larges, disposées en toit très déclive dans le repos, les inférieures portant la continuation de la ligne médiane. Chenilles inconnues.

Laccata, Scop., *Ænea*, S.V., Dup., Gn. (pl. 46, fig. 8.)

20m. Ailes supérieures un peu creusées à la côte, aiguës à l'angle apical, d'un brun olivâtre, avec la côte et les espaces terminal et subterminal d'un rose pourpre, traversées par une ligne de la couleur du fond. Lignes et taches ordinaires, nulles. Ailes inférieures d'un gris olivâtre, avec deux bandes médianes plus obscures et peu marquées. Bord terminal un peu teinté de pourpre. — ♀ semblable.

Cette petite espèce varie beaucoup ; chez quelques individus, la couleur pourpre a disparu et est remplacée par du brun ; chez d'autres, le fond de la couleur est gris, et les bandes pourpres sont noirâtres, avec un léger reflet rougeâtre.

Chenille inconnue. Papillon de mai en août, selon les localités ; vole en plein jour dans les endroits herbus et secs. Commun.

FIN DES NOCTUÉLITES.

ADDITIONS & CORRECTIONS

Aux 1er, 2e, 3e et 4e volumes

EPINEPHILE. (Tome I. page 213.) Lisez : EPINEPHELE.

NOLA THYMULA *Millière, sp. nv.* (Tome II, page 97.)

Taille de *Strigula*. Ailes supérieures d'un gris bleuâtre en naissant ; d'un gris argileux quelques mois après. Lignes bien marquées, fines, ce qui la distingue de ses voisines ; extrabasilaire et coudée, brisées, noires, nettes ; celle-ci formant un angle extérieur très vif ; accompagnée intérieurement d'une autre ligne peu visible, parallèle, subterminale claire, ondulée, légèrement ombrée intérieurement. Trois rugosités formées d'agglomérations d'écailles, sur les ailes ; deux au centre de l'espace médian, et une à la base de l'aile. Ailes inférieures plus claires et sans dessins.

La chenille vit sur le thym vulgaire (*Thymus serpyllum*), dont elle ronge pendant le jour les fleurs et les graines. Chrysalide renfermée dans une coque papyracée, d'un gris roussâtre, appliquée contre une branche de la plante qui a nourri la chenille. On la trouve en mai, et elle reste en chrysalide jusqu'au mois de mars ou d'avril de l'année suivante.

Le papillon se tient appliqué pendant le jour contre les pierres ou les tiges du thym. Il se place après *Strigula*.

Matronula. (Tome II, page 127.)

Cette belle espèce a été prise à Ervy (*Aube*), par M. Dupin.

Fimbriola. (Tome III, page 163.)

Cette espèce a été prise dans les montagnes de la Lozère, en juillet.

Teniocampa. (Tome III, page 197.) Lisez : Tæniocampa.

Intricata. (Tome III, page 220.)

Trouvée dans la Lozère en juillet, par M. Fallou.

Oleagina. (Tome IV, page 46.)

M. de Peyerimhoff nous écrit que c'est par erreur que cette espèce est signalée dans le Bulletin de la Société d'histoire naturelle de Colmar, comme ayant été prise à Saverne (*Bas-Rhin*). L'espèce trouvée par notre collègue est la Valeria Jaspidea.

Voir la suite des additions et corrections, page 263.

Table alphabétique des Familles et des Genres

Les noms des familles sont en grandes capitales, ceux des genres en petites capitales, et les noms synonymiques en italique.

Table alphabétique des Espèces et Variétés

Les noms des espèces sont en romain, ceux des aberrations et des variétés en italique, ainsi que les noms synonymiques.

Tables des Additions et Corrections

Aux 1er, 2e, 3e et 4e Volumes

ADDITIONS & CORRECTIONS

Au 4e volume

VALERIA OLEAGINA. Tome IV, page 46.)

Trouvée aux environs de Digne (*Basses-Alpes*), par M. Méguelle, en mars et avril.

Après ABSYNTHII, (Tome IV, page 115), ajoutez :

CUCULLIA FORMOSA, Rogenhofer, Mill.-Ico.

40m. Ailes supérieures d'un gris de perle, avec l'espace médian presque noir et traversé par une bande droite, jaunâtre, continue, au centre de laquelle on voit une tache orbiculaire ocracée, petite et cerclée de blanc. La tache réniforme limite extérieurement la bande médiane ; elle est grande, d'un jaune chamois et ombrée de brun intérieurement. La ligne basilaire est noire, aiguë et atteint presque l'extrabasilaire. Frange brune précédée de petites lunules nervurales noirâtres. Ailes inférieures d'un blanc hyalin, enfumé au bord terminal. Thorax crêté, d'un gris perlé et teinté de noir sur les ptérygodes. Abdomen blanc, marqué de noir sur le dos des quatre anneaux, et enfumé à sa base. — ♀ plus petite, à ailes plus arrondies, et à abdomen brun et aigu à la pointe.

La chenille ressemble à celle de l'*Absynthii* et vit sur l'*Artemisia camphorata* (en Hongrie du moins). C'est dans ce pays que cette belle espèce a été découverte en 1860; elle vient de l'être récemment dans le département de l'Ardèche, à Celle-les-Bains. M. Staudinger paraît la considérer comme une race Darwinienne d'*Absynthii*. — Très rare.

OMIA CYCLOPEA. Graslin, Dup., Gn.

18m. Ailes supérieures subtriangulaires à côte concave et à angle apical relevé, d'un brun noir, blanchâtre dans l'espace médian, traversées par deux lignes d'un gris blanchâtre, fines, rapprochées ; l'extrabasilaire courbe, la coudée sinuée. Tache réniforme grande, arrondie, d'un noir foncé, cerclée de blanc ; l'orbiculaire nulle. Espace terminal avec de petits traits nervuraux noirs. Frange entrecoupée de blanc. Inférieures noires, veloutées, à frange blanche légèrement dentée de noir.

Cette espèce d'Espagne, est nouvelle pour la faune française. Elle a été découverte sur les montagnes des environs de Digne, où elle butine au soleil sur les fleurs du thym, par M. Bellier. Très rare. Elle se placera après. *Cymbalariæ* (Tome IV, page 123.)

Genre EUTERPIA, Gn.

Antennes minces, filiformes, à cils fins, isolés dans les deux sexes, brièvement pubescentes dans les mâles. Palpes courts, grêles, écartés, le 2e article velu, arrondi, le 3e velu, obtus, dépassant à peine les poils du second. Thorax robuste, arrondi, à collier non relevé. Abdomen robuste, court, velu, muni d'un oviducte court chez la femelle. Ailes entières, veloutées, à taches et lignes distinctes.

ACONTIA LUCIDA. (Tome IV, p. 147), ajoutez (Pl. 42, fig. 11.)

Chenille à 12 pattes, un peu atténuée en avant, médiocrement allongée, d'un vert plus ou moins foncé, quelquefois violâtre ou bronzé, avec les 4e, 5e et 6e anneaux anguleux, ornés latéralement d'une tache oblique brune ou brun rouge, surmontée d'un trait blanc et d'un point verruqueux. Le 11e anneau est pyramidal ; avec quatre points verruqueux, en quadrilatère. Les lignes dorsale et sous-dorsale sont vertes et interrompues ; la stigmatale est d'un blanc jaunâtre. Tête brune.

Cette chenille ne vit point sur les *Convolvulus* ainsi que nous l'avons dit par erreur, mais sur différentes espèces de mauves, souvent par petits groupes, Celles que l'on trouve en septembre, passent l'hiver en chrysalides, et éclosent en mai-juin de l'année suivante, celles du mois de juin éclosent en juillet-août, ainsi que nous l'avons dit.

Par le nombre de ses pattes et sa forme générale, cette chenille a tout à fait l'aspect d'un *Plusia*.

Paris. — Les Fils d'Émile Deyrolle.

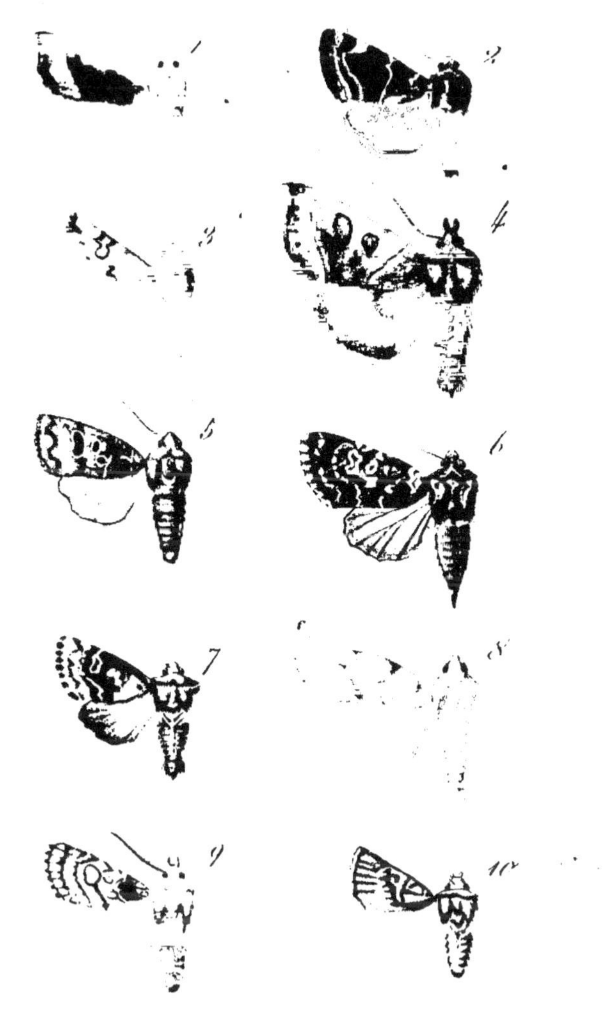

1. Cirrædia xerampelina. 2. Cosmia diffinis.
3. Miana ochroleuca. 4. Mesogona acetosellæ.
5. Cethea sublusa. 6. Lanthæcia albimacula.
7. Mecalera serena. 8. Euperia paleacea.
9. Dicycla oo. 10. Phierocera filicina

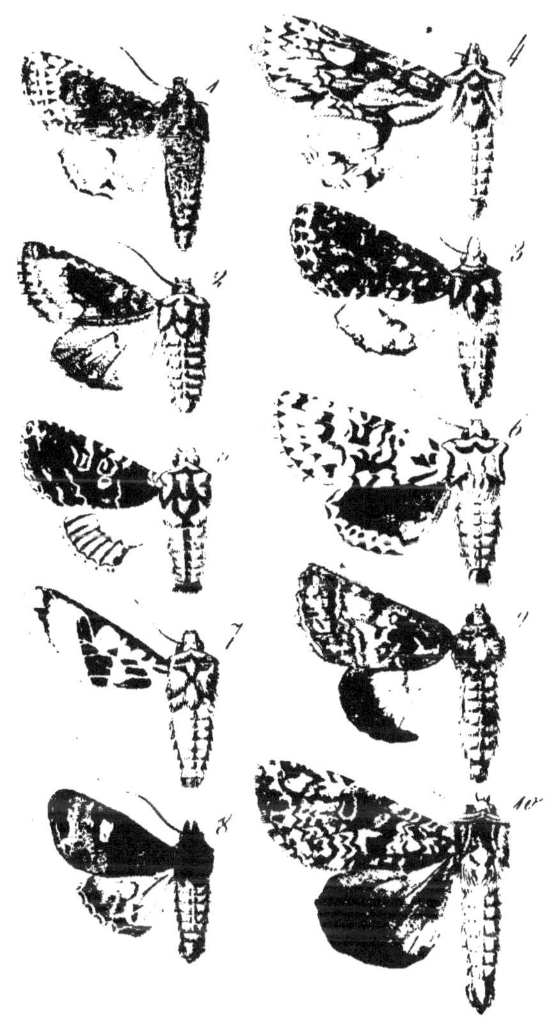

1. *Polia chi.* 2. *Epunda lutulenta, var. sed.*

3. *Valeria jaspidea.* 4. *Miselia bimaculosa.*

5. *Chariptera culta.* 6. *Agriopis aprilina.*

7. *Phlogophora scita.* 8. *Euplexia lucipara.*

9. *Polyphaenis sericata.* 10. *Aplecta herbida.*

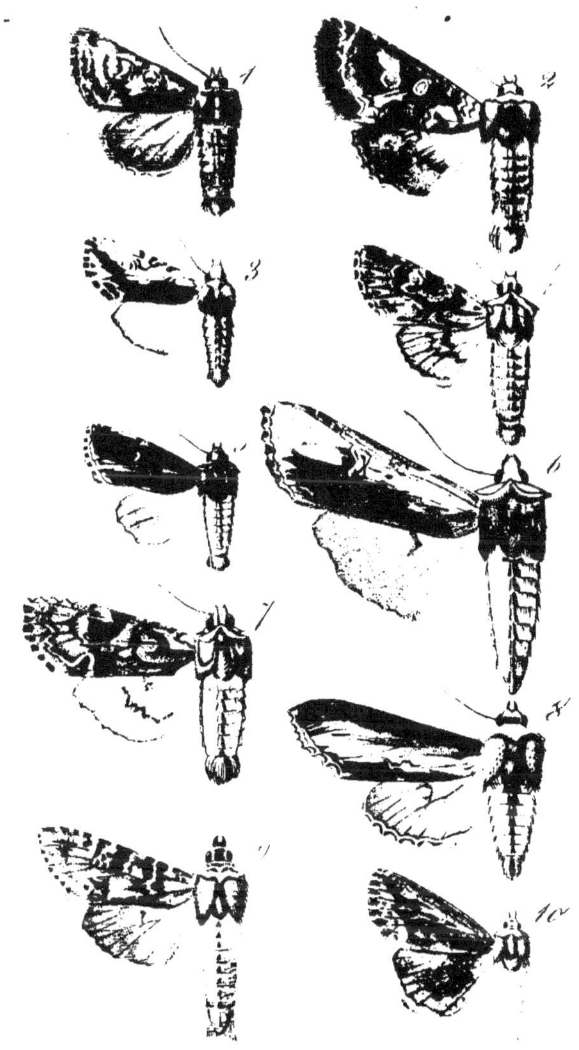

1. *Hadena dentina.* 2. *Hadena atriplicis.*
3. *Lithocampa ramosa.* 4. *Xylocampa lithorhiza.*
5. *Cleantha hyperici.* 6. *Calocampa vetusta.*
7. *Xylina furcifera.* 8. *Cucullia verbasci.*
9. *Cucullia absynthii.* 10. *Epimecia ustulata.*

1. Brana cymbalariæ.
2. Cleophana antirrhini.
3. Calophasia opalina.
4. Chariclea delphinii.
5. Heliothis umbra.
6. Anthœcia cardui.
7. Anarta myrtilli.
8. Heliodes tenebrata.
9. Hemerosia renalis.
10. Agrophila sulphuralis.
11. Acontia lucida.
12. Erastria deceptoria.

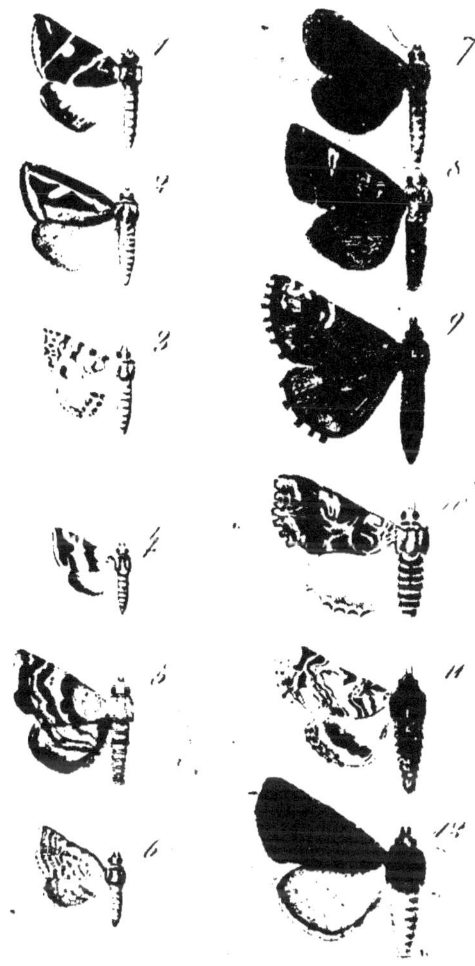

1. Bankia bankiana. 2. Hydrelia uncana.
3. Leptosia velox. 4. Micra candidana.
5. Anthophila amoena. 6. Glaphyra glarea.
7. Microphysa suava. 8. Metoptria monogramma.
9. Brephos parthenias. 10. Eriopus pteridis.
11. Eurhipia adulatrix. 12. Placodes amethystina.

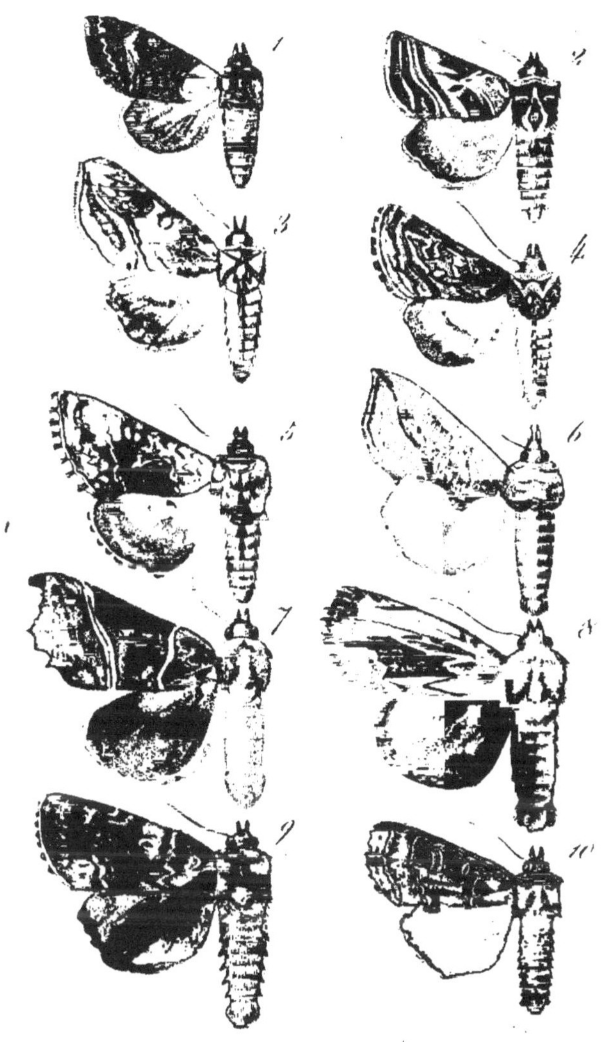

1. Abrostola asclepiadis. 2. Plusia modesta.
3. Plusia deaurata. 4. Plusia V. argenteum.
5. Plusia interrogationis. 6. Calpe capucina.
7. Gonoptera libatrix. 8. Syntomopus cinnamomea.
9. Amphipyra pyramidea. 10. Mania typica.

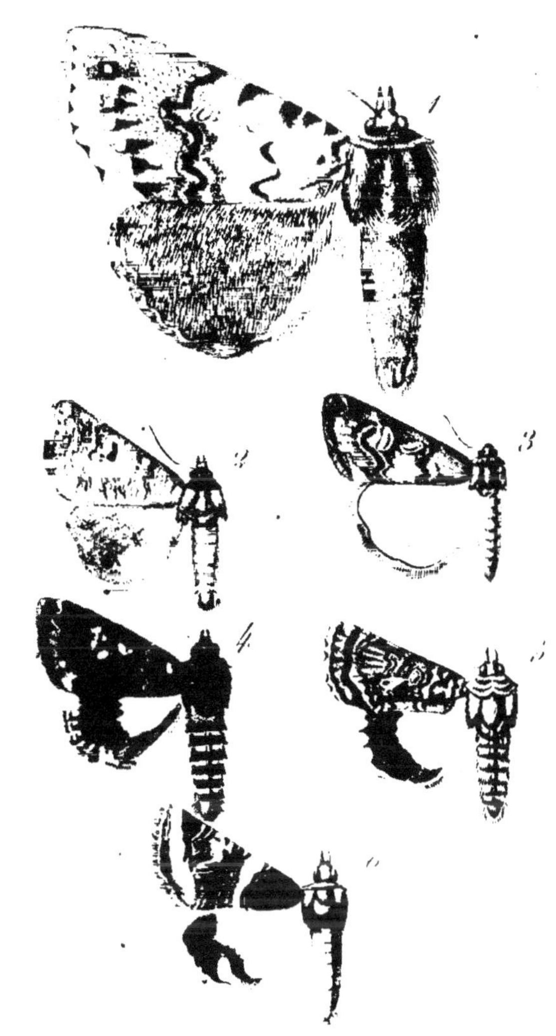

1. Spintherops spectrum. 4. Toxocampa pastinum.
3. Stilbia anomala. 2. Catephia alchymista.
5. Anophia ramburii. 6. Bolina cailino.

Pl. 46.

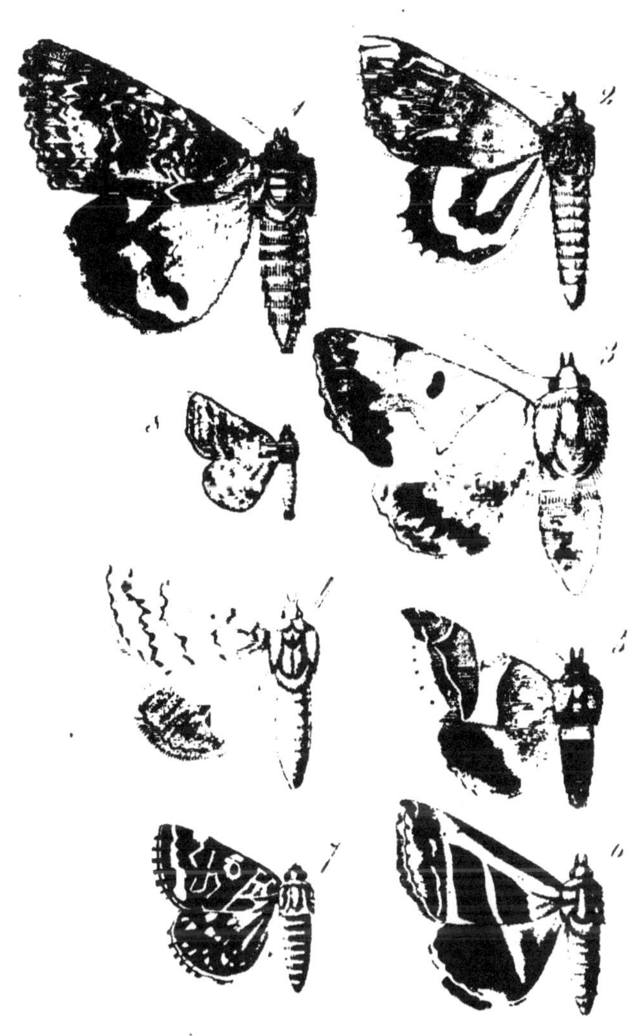

1. Catocala sponsa — 2. Catocala paranympha
3. Ophiodes tirrhaca. — 4. Pseudophia illunaris.
5. Ophiusa algira. — 6. Grammodes bifasciata
7. Euclidia mi. — 8. Phytometra laccata.

www.ingramcontent.com/pod-product-compliance
Lightning Source LLC
LaVergne TN
LVHW011949220826
846092LV00001B/130